内容最新　套用最新规范和定额
条理清晰　列表计算清单与定额
聚焦点拨　计算方法及要点汇总

水利水电工程
识图与造价实例一本通

工程造价员网　张国栋　主编

化学工业出版社
·北京·

本书结合现行的《水利工程工程量清单计价规范》(GB 50501—2007)、《水利建筑工程预算定额》和《水利水电设备安装工程预算定额》进行编写。该书的主要内容包括水利工程识图与水利工程造价两大部分,其中识图部分主要是结合具体的实际案例,以典型的施工建筑物为对象,从简单的水利水电工程图例、基本的水工构造开始讲起,然后以较复杂的水工建筑物为例,采用循序渐进的方式讲解;在水利工程造价部分,工程量的计算不采用一连串枯燥的数字模式,而是用表格的形式计算每一部分的工程量,并对计算公式的数值加了注解,让广大读者能够更好地理解每一部分工程量计算的来龙去脉,帮助读者学习理解。

本书可供水利工程造价人员、工程造价管理人员、工程审计员等相关专业人士参考,也可作为高等院校相关专业师生的参考用书。

图书在版编目(CIP)数据

水利水电工程认图与造价实例一本通/张国栋主编. —北京:
化学工业出版社,2016.8 (2021.4重印)
ISBN 978-7-122-27605-6

Ⅰ.①水… Ⅱ.①张… Ⅲ.①水利水电工程－工程制图－识图②水利水电工程－工程造价 Ⅳ.①TV222.1②TV512

中国版本图书馆 CIP 数据核字(2016)第 158877 号

责任编辑:彭明兰　　　　　　　　装帧设计:张　辉
责任校对:边　涛

出版发行:化学工业出版社(北京市东城区青年湖南街 13 号　邮政编码 100011)
印　　装:北京虎彩文化传播有限公司
787mm×1092mm 1/16　印张 14　字数 366 千字　2021 年 4 月北京第 1 版第 6 次印刷

购书咨询:010-64518888　　　　　　　售后服务:010-64518899
网　　址:http://www.cip.com.cn
凡购买本书,如有缺损质量问题,本社销售中心负责调换。

定　　价:49.00 元　　　　　　　　　　　　　　版权所有　违者必究

前　言

　　水利水电工程是我国重要的基础工程和基础产业，其建设周期长、投资大、协作部门多，受自然资源、地形、地质、水文气象条件的影响很大，因此，水利水电工程的预算和造价工作也尤为重要。由于水工建筑物工程量庞大、工程形式多样，很多从事水利水电工程预算的人员，不能很好地掌握预算和造价要领，导致工作效率不高。为了让这些工程相关专业的人员能够更快更好地掌握预算技巧和要领，编者结合多年来工程预算的经验，以实际案例为基础，采用循序渐进的方式讲解了水利水电工程识图与预算相关知识，旨在帮助广大读者适应工作岗位的需要。本书具有以下几个特点。

　　1. 以现行的《水利工程工程量清单计价规范》（GB 50501—2007）、《水利建筑工程预算定额》和《水利水电设备安装工程预算定额》为基础进行编写，对清单中所涉及的相应项目做了详细介绍，并加以细致分析，使读者能更深入地了解清单，为其在实例套用中能运用自如奠定基础。

　　2. 选用典型案例进行解读。全书以水利水电工程典型案例为基础，采用图纸和预算结合的模式，先认读图纸，然后详细讲解预算过程，在掌握识图的基础上学习预算过程，特别适合初学预算人员使用学习。

　　3. 编写形式独特。本书通过具体的工程实例，依据定额和清单工程量计算规则，采用表格的形式将计算规则和计算过程呈现出来，并对计算过程中的数值以"注释"的方式逐一解释，让读者了解各个数值的出处，图文表并举，简洁易懂。

　　4. 全书结构清晰、层次分明、内容丰富、覆盖面广、适应性和实用性强、简单易懂，是初学水利水电工程造价工作者的一本理想参考书。

　　本书由张国栋主编，由赵小云、郭芳芳、洪岩、李雪、高继伟、刘瀚、张涛、李云云、马波、文辉武、王春花、史美玲、高朋朋、韩圆圆、张浩杰共同参与编写完成。

　　本书在编写过程中得到了许多同行的支持与帮助，借此一并表示感谢。

　　由于编者水平有限和时间仓促，书中难免有不妥之处，望广大读者批评指正。如有疑问，请登录 www.gczjy.com（工程造价员网）或 www.ysypx.com（预算员培训网）或 www.debzw.com（建筑企业定额编制网）或 www.gclqd.com（工程量清单计价网），也可发邮件至 zz6219@163.com 或 dlwhgs@tom.com 与编者联系。

编　者

2016 年 6 月

目 录

第1章　某浆砌石重力坝造价计算

1.1　工程介绍

　　某一地区需修建重力坝，由于该地区石料比较丰富，故拟修建浆砌石重力坝，该重力坝由左右岸非溢流坝段和溢流坝段组成，其中左岸非溢流坝段长 55m，右岸非溢流坝段长 45m，中间溢流坝段长 26.9m。该坝坝高 47.3m，上游坝面竖直，下游坝面坡度为 1∶0.75，采用底流消能，经探测基础需向下开挖 8m，前 7m 采用爆破手段进行开挖，最后 1m 采用手风钻钻孔小药量爆破，以防止下部基岩遭到破坏，在坝趾处进行帷幕灌浆以减小渗流量，深度为 30m。大坝底部采用厚为 1m 的 C15 素混凝土垫层，主坝体采用 C15 混凝土砌毛石，上游防渗墙采用 C20 混凝土，厚度为 50cm，上游坝面采用厚度为 45cm 的 M12.5 浆砌 C25 混凝土预制块进行防护，下游坝面采用厚度为 45cm 的 M10 浆砌 C25 混凝土预制块进行防护，坝顶路面采用厚度为 30cm 的混凝土，对于溢流坝段中的溢流坝面采用厚度为 80cm 的 C30 钢筋混凝土，导墙采用 C25 钢筋混凝土，下部的消力池底板采用厚为 80cm 的 C25 钢筋混凝土，两侧的挡墙采用 M10 浆砌石，溢流坝段顶部设有交通桥，桥墩宽为 1m，采用 C25 钢筋混凝土，桥梁和面板采用 C30 钢筋混凝土，另外在坝体高程 432.15m 处要安装一个放水管，在高程为 430.00m 处安装一个排砂管。该重力坝的平面图、立面图、剖面图及细部结构图如图 1-1～图 1-7 所示，试计算该浆砌石重力坝的预算价格。

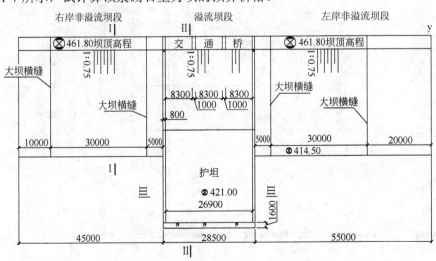

图 1-1　某重力坝平面布置图（比例：1∶500）

1

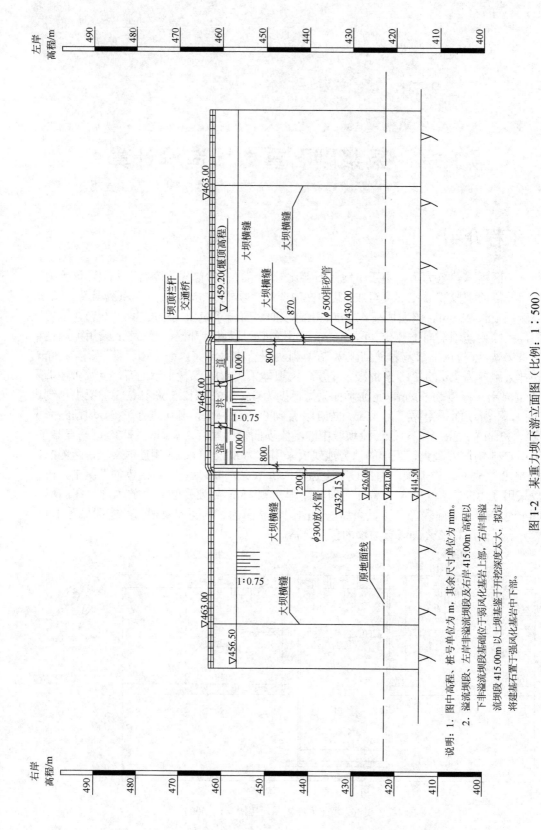

图 1-2 某重力坝下游立面图（比例：1：500）

说明：1. 图中高程、桩号单位为 m，其余尺寸单位为 mm。
2. 溢流坝段，左岸非溢流坝段及右岸 415.00m 高程以下非溢流段基础位于弱风化基岩上部，右岸溢流坝段 415.00m 以上坝基鉴于开挖深度大大，拟定将建基石置于置于弱风化基岩中下部。

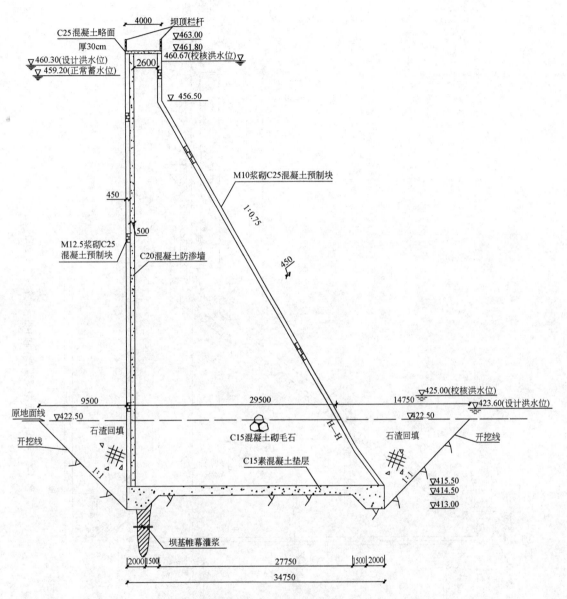

说明：1. 图中除高程单位为 m 外，其余均为 mm。

2. 放水测管及排砂管设三道截水积

3. 非溢流坝段按《砌石坝设计规范》SL 25—2006 要求进行分缝，斜坡基底设一开挖平台，平台宽 3m。

图 1-3　某重力坝非溢流坝段剖面图（比例：1∶200）

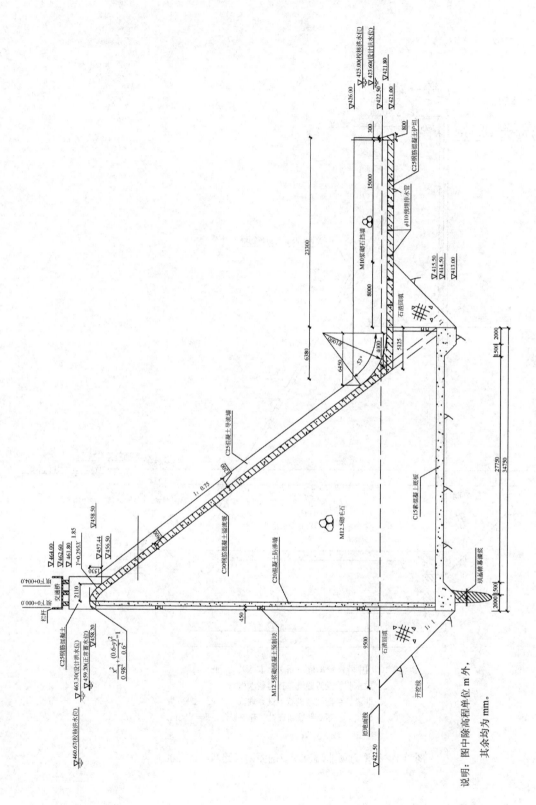

图1-4 某重力坝溢流坝段剖面图（比例：1：200）

说明：图中除高程单位 m 外，
其余均为 mm。

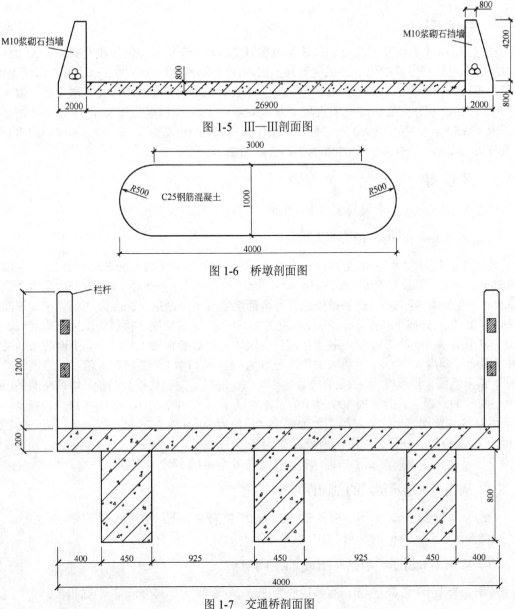

图 1-5　Ⅲ—Ⅲ剖面图

图 1-6　桥墩剖面图

图 1-7　交通桥剖面图

1.2　图纸识读

1.2.1　平面图

　　根据图 1-1 重力坝平面布置图可知，图中有一指南针，箭头指向为南。该重力坝由左右岸非溢流坝段和溢流坝段组成，其中左岸非溢流坝段长 55m，右岸非溢流坝段长 45m，中间溢流坝段长 26.9m。对照图 1-3 和图 1-4 的剖面图。该坝坝高 47.3m，坝底高程为 414.50m，坝顶高程为 461.80m。对照图 1-2，上游坝面竖直，下游坝面坡度为 1∶0.75，在溢流坝段处布置护坦，护坦高程为 421.00m，坝顶处布置 4m 宽的交通桥。在左、右岸非溢流坝段的坝体分别布置两道横缝，且每条横缝间距为 3m。

1.2.2 立面图

根据图 1-2 重力坝立面图可知，该重力坝溢流坝段、左岸非溢流坝段及右岸 415.00m 高程以下的非溢流坝段基础位于弱风化基岩上部，右岸非溢流坝段 415.00m 以上开挖深度太大，基石位于强风化基岩中下部。经探测基础需向下开挖 8m，在溢流坝段设置溢洪道，堰顶高程为 459.20m，坝顶交通桥溢流坝段高程为 464.00m，非溢流坝段高程为 463.00m。下游坝面高程为 456.50m，坡度为 1：0.75，另外在坝体高程 432.15m 处要安装一个 $\phi300$ 的放水管，在高程为 430.00m 处安装一个 $\phi500$ 的排砂管，如图 1-1 所示。

1.2.3 剖面图

根据图 1-3～图 1-7 重力坝各部位的剖面图可知以下具体信息。

（1）从图 1-3 和图 1-4 可知以下信息

大坝上游校核洪水位高程为 460.67m，设计洪水位高程为 460.30m，正常蓄水位为 459.20m；大坝下游校核洪水位高程 425.00m，设计洪水位高程为 423.60m，原地面线为 422.50m，坝宽 34.75m。在坝趾处进行帷幕灌浆来减小渗流量，深度为 30m。在原地面线高程为 422.50m 处向下开挖 8m，开挖坡度为 1：1，开挖坑与坝体接触间隙用石渣回填。大坝底部采用厚为 1m 的 C15 素混凝土垫层，主坝体采用 C15 混凝土砌毛石，上游防渗墙采用 C20 混凝土，厚度为 50cm，上游坝面采用厚度为 45cm 的 M12.5 浆砌 C25 混凝土预制块进行防护，下游坝面采用厚度为 45cm 的 M10 浆砌 C25 混凝土预制块进行防护，坝顶路面采用厚度为 30cm 的混凝土，对于溢流坝段中的溢流坝面采用厚度为 80cm 的 C30 钢筋混凝土，导墙采用 C25 钢筋混凝土，下部的消力池底板采用厚为 80cm 的 C25 钢筋混凝土，两侧的挡墙采用 M10 浆砌石。在重力坝溢流坝段设置 M10 浆砌挡墙，挡墙高程为 426.00m，且在溢流坝段下游设置 C25 钢筋混凝土护坦，护坦中设置 6 个 $\phi110$ 预埋排水管。

（2）从图 1-5 所示护坦的剖面图可知以下信息

护坦全长为 26.9m，护坦底板厚 80cm 的 C25 钢筋混凝土；护坦两侧下底宽为 2.0m，上底宽为 0.8m，高为 5.8m 的梯形 M10 的浆砌石挡墙。

（3）从图 1-6 所示桥墩剖面图可知以下信息

桥墩宽为 1m，总长为 4m，直线段长为 3m，两端半径为 500mm 的半圆相接。

（4）从图 1-7 所示交通桥剖面图可知以下信息

交通桥宽为 4m，路面用 200mm 的钢筋混凝土铺筑，交通桥栏杆高位 1.2m，桥墩距桥两侧均为 400mm，桥墩高 0.8m，宽为 0.45m。

1.3 工程量计算

1.3.1 清单工程量

清单工程量计算规则：由于工程处于施工图设计阶段，则清单工程量为施工图纸计算所得工程量乘以系数 1.0。

清单工程量计算过程见表 1-1。

表1-1 某浆砌石重力坝工程清单工程量计算过程

工程名称：某浆砌石重力坝工程

序号	项目编码	项目名称	工程项目	项目特征描述	计算单位	工程量	计算过程	对应注释	备注
							岩石开挖		
1	500101002001	上层石方开挖	上层石方开挖	岩石级别Ⅸ级；石方开挖到底板处；采用爆破手段进行开挖；开挖深度为7m	m³	42237.18	上层石方开挖的清单工程量为：[1/2×(34.75+2.5×1×2+9.5+29.5+14.75)×7.0×(45+55+26.9)+15.3×1.5×(26.9+2.0×2)]×1.0=42237.18(m³)	34.75——坝基底部开挖宽度； 2.5——坝底垫层和齿墙的总厚度； 1——基坑两侧的坡度； 2——基坑两侧； 34.75+2.5×1×2——上层石方开挖的下底宽； 9.5——上层基础开挖至上游坝坡面的距离； 29.5——大坝断面与地面线交线处的宽度； 14.75——下游基础开挖至下游坝坡面的距离； 9.5+29.5+14.75——上层石方开挖的上底宽； 7.0——上层石方开挖深度； 45——右岸非溢流坝段的长度； 55——左岸非溢流坝段的长度； 26.9——中间溢流坝段的长度； 45+55+26.9——大坝的总长； 15.3——中间溢流坝段消力池的开挖长度； 1.5——中间溢流坝段消力池的开挖深度； 26.9——中间溢流坝段消力池的长度； 2.0——消力池两侧挡墙的宽度； 两侧挡墙； 26.9+2.0×2——中间溢流坝段消力池的开挖宽度	
2	500102006001	保护层石方开挖	下层石方开挖	岩石级别为Ⅸ级，后1m采用手风钻钻孔，小药量爆破	m³	5869.12	下层石方开挖清单工程量为：[1/2×(34.75+34.75+1.0×1.0×2)×1.0×(45+55+26.9)+1/2×(2.0+2.0+1.5+1.5×1.0)×1.5×(45+55+26.9)×2]×1.0=5869.12(m³)	34.75——坝基底部开挖宽度； 1.0——下层石方开挖的上底宽； 1.0——基坑两侧的坡度； 2——基坑两侧； 34.75+1.0×1.0×2——下层石方开挖的下底宽； 1.0——下层石方开挖深度； 45——右岸非溢流坝段的长度； 55——左岸非溢流坝段的长度； 26.9——中间溢流坝段的长度； 45+55+26.9——大坝的总长； 2.0——下部齿墙的开挖宽度	

续表

序号	项目编码	项目名称	工程项目	项目特征描述	计算单位	工程量	计算过程	对应注释	备注
2	500102006001	保护层石方开挖	下层石方开挖	岩石级别为IX级：后1m采用手风钻钻孔，小药量爆破	m³	5869.12	下层石方开挖清单工程量为： [1/2×(34.75+34.75+1.0×1.0×2)×1.0×(45+55+26.9)+1/2×(2.0+2.0+1.5+1.5×1.0)×1.5×(45+55+26.9)×2]×1.0=5869.12(m³)	1.5——下部齿墙倾斜段的宽度； 1.5——下部齿墙的高度； 1.0——基坑两侧的上底宽； 2.0+1.5+1.5×1.0——下部齿墙的上底宽； 1.5——下部齿墙的高度； 45——右岸非溢流坝段的长度； 55——左岸非溢流坝段的长度； 26.9——中间溢流坝段的长度； 2——齿墙的个数；	
3	500103009001	石渣回填	回填石渣	石渣回填，总的回填深度为9.5m	m³	13098.56	土石方回填 1. 非溢流坝段回填清单工程量为： [1/2×9.5×(7.0+2.5)+1/2×(14.75+2.5×1.0)×7.0+1/2×2.5×1.0×(45+55)]×1.0=10862.5(m³) 2. 溢流坝段回填清单工程量为： [1/2×9.5×(7.0+2.5)+1/2×8.0×(7.0+2.5)]×26.9=2236.06(m³) 3. 总的回填清单工程量： 10862.5+2236.06=13098.56(m³)	1. 非溢流坝段 9.5——上游基础开挖至上游坝面面的距离； 7.0——上层石方开挖深度； 2.5——坝底垫层和齿墙的总厚度； 7.0+2.5——总的回填深度； 14.75——下游基础开挖至下游坝面的总厚度； 2.5——坝底垫层和齿墙的总厚度； 1.0——基坑两侧的坡度； 2.5×1.0——大坝下游基坑上部回填的梯形断面的下底宽； 7.0——上层石方开挖深度； 2.5——坝底垫层的总厚度； 1.0——基坑两侧的坡度； 1/2×2.5×1.0×2.5——大坝下游基坑下部回填的三角形形断面的面积； 45——右岸非溢流坝段的长度； 55——左岸非溢流坝段的长度； 45+55——大坝非溢流坝段的总长。 2. 溢流坝段 9.5——上游基础开挖至上游坝面面的距离； 7.0——上层石方开挖深度； 2.5——坝底垫层的总厚度； 7.0+2.5——总的回填深度； 8.0——下游基础开挖至下游坝面的距离； 26.9——中间溢流坝段的长度；	

续表

序号	项目编码	项目名称	工程项目	项目特征描述	计算单位	工程量	计算过程	对应注释	备注
							砌筑工程		
4	500105008001	M12.5浆砌混凝土块	M12.5浆砌混凝土块	M12.5浆砌C25混凝土预制块；厚度为45cm	m³	2600.38	M12.5 浆砌混凝土块清单工程量为：$[(461.80-415.50)\times0.45\times(45+55)+(458.20-415.50)\times0.45\times26.9]\times1.0=2600.38(m^3)$	461.80——坝顶高程； 415.50——混凝土垫层的顶部高程； 0.45——上游浆砌混凝土块的厚度； 45——右岸非溢流坝段的长度； 55——左岸非溢流坝段的长度； 458.20——溢流坝段浆砌混凝土预制块顶部高程； 415.50——混凝土垫层的顶部高程； 0.45——下游浆砌混凝土块的厚度； 26.9——中间溢流坝段的长度	
5	500105008002	M10浆砌混凝土块	M10浆砌混凝土块	M10浆砌C25混凝土预制块；厚度为45cm	m³	2544.75	M10 浆砌混凝土块清单工程量为：$[(461.80-456.50)+(456.50-415.50)\times\sqrt{1+0.75^2}]\times0.45\times(45+55)\times1.0=2544.75(m^3)$	461.80——坝顶高程； 456.50——下游坝面倾斜段顶部高程； 415.50——混凝土垫层的顶部高程； 0.75——下游坝面倾斜段的坡度； $(456.50-415.50)\times\sqrt{1+0.75^2}$——下游坝面倾斜段的长度； 0.45——下游浆砌混凝土块的厚度； 45——右岸非溢流坝段的长度； 55——左岸非溢流坝段的长度	
6	500105003001	M12.5混凝土砌毛石	M12.5混凝土砌毛石	M12.5浆砌毛石	m³	94608.03	1. 非溢流坝段清单工程量为：$[(461.80-456.50)\times2.6+1/2\times(2.6+34.75-0.45-0.5-0.45)\times(456.50-415.50)]\times(45+55)\times1=75075.5(m^3)$； 2. 溢流坝段清单工程量为：$[1/2\times(34.75-0.45-0.5-0.45)\times5.125\times(458.20-415.50)+1/2\times(421.00-415.50)]\times26.9\times1=19532.53(m^3)$； 3. 总的清单工程量 $75075.5+19532.53=94608.03(m^3)$	1. 非溢流坝段 461.80——坝顶高程； 456.50——下游坝面倾斜段顶部高程； 2.6——上部竖直段的砌石宽度； 34.75——坝底宽度； 0.45——上游浆砌混凝土块的厚度； 0.5——上游防渗墙的厚度； 0.45——下游浆砌混凝土块的厚度； 456.50——下游坝面倾斜段顶部高程； 415.50——混凝土垫层的顶部高程； 45——右岸非溢流坝段的长度； 55——左岸非溢流坝段的长度。 2. 溢流坝段 34.75——坝底宽度； 0.45——上游浆砌混凝土块的厚度； 0.5——上游防渗墙的厚度； 0.45——下游浆砌混凝土块的厚度；	

续表

序号	项目编码	项目名称	工程项目	项目特征描述	计算单位	工程量	计算过程	对应注释	备注
6	500105003001	M12.5混凝土砌毛石	M12.5混凝土砌毛石	M12.5浆砌毛石	m³	94608.03	1. 非溢流坝段清单工程量为: [(461.80-456.50)×2.6+1/2×(2.6+34.75-0.45-0.5-0.45)×(456.50-415.50)]×(45+55)×1=75075.5(m³) 2. 溢流坝段清单工程量为: [1/2×(34.75-0.45-0.5-0.45)×(458.20-415.50)+1/2×5.125×(421.00-415.50)]×26.9×1=19532.53(m³) 3. 总的清单工程量 75075.5+19532.53=94608.03(m³)	458.20——溢流坝段浆砌毛石的顶部高程; 415.50——混凝土垫层的顶部高程; 5.125——溢流坝底部浆砌毛石底部高程; 421.00——溢流坝浆砌毛石的顶部高程; 415.50——混凝土垫层的顶部高程; 421.00-415.50——溢流坝段浆砌毛石底部的高度; 26.9——中间溢流坝段的长度	
7	500105003002	M10浆砌块石挡墙	M10浆砌石	M10浆砌块石,个数2个	m³	444.01	清单工程量为: [1/2×(0.8+2.0)×4.2+2.0×0.8]×2×(23.3+6.38)×1.0=444.01(m³)	0.8——挡墙上部梯形断面上底宽; 2.0——挡墙上部梯形断面下底宽; 4.2——挡墙上部梯形断面的高度; 2.0——挡墙下部矩形断面的宽度; 0.8——挡墙下部矩形断面的高度; 2——挡墙的个数; 23.3——消力池底板的长度; 6.38——导流墙与消力池连接段挡墙的长度; 23.3+6.38——挡墙段的总长度	
							混凝土工程		
8	500109001001	C15混凝土底板	C15混凝土底板	C15素混凝土底板,厚1.0m	m³	5456.70	清单工程量为: [34.75×1.0+1/2×(2.0+2.0+1.5+1.5×2]×(45+55+26.9)×1.0=5456.70(m³)	34.75——坝底宽度; 1.0——底板的厚度; 2.0——底板下部齿墙的下底宽; 1.5——齿墙倾斜段的宽度; 2.0+1.5——底板下部齿墙的上底宽; 1.5——齿墙的高度; 2——齿墙的个数; 45——右岸非溢流坝段的长度; 55——左岸非溢流坝段的长度; 26.9——中间溢流坝段的长度	
9	500109001002	C20混凝土防渗墙	C20混凝土防渗墙	C20混凝土,厚50cm	m³	2889.32	清单工程量为: [(461.80-415.50)×0.5×(45+55)+(458.20-415.50)×0.5×26.9]×1.0=2889.32(m³)	461.80——坝顶高程; 415.50——混凝土垫层的顶部高程; 0.5——非溢流坝段防渗墙的厚度;	

续表

序号	项目编码	项目名称	工程项目	项目特征描述	计算单位	工程量	计算过程	对应注释	备注
9	500109001002	C20混凝土防渗墙	C20混凝土防渗墙	C20混凝土，厚50cm	m³	2889.32	清单工程量为：$[(461.80-415.50)\times0.5\times(45+55)+(458.20-415.50)\times0.5\times26.9]\times1.0$ $=2889.32(m^3)$	45—右岸非溢流坝段的长度；55—左岸非溢流坝段的长度；458.20—溢流坝段防渗墙的顶部高程；415.50—溢流坝垫层的顶部高程；0.5—溢流坝防渗墙的厚度；26.9—中间溢流坝段的长度	
10	500109001003	C30混凝土溢流面	C30混凝土溢流面	C30混凝土，厚度为80cm	m³	1957.46	清单工程量为：$[(459.20-421.80)\times\sqrt{1+0.75^2}\times$ $0.8+1/2\times4.0\times10.0\times2-3.14\times10.0^2\times$ $(53/360)]\times26.9\times1.0=1957.46$（m³）	459.02—溢流堰顶高程；421.08—消力池池底高程；0.75—下游坝面倾斜段的坡度；$\sqrt{1+0.75^2}$—顶部曲线段和中间直线段的总长度；0.8—混凝土溢流段底部切线长；4.0—圆弧段的半径；10.0—圆弧段的切线长；1/2×4.0×10.0—圆弧段底部切除上部三角形的面积；2—三角形的个数；53—圆弧的角度；3.14×10.02×(53/360)—圆弧对应的扇形面积；26.9—中间溢流坝段的长度	
11	500109001004	C25混凝土导流墙	C25混凝土导流墙	C25混凝土；导流墙高1.2m，厚0.8m，坡度为0.75	m³	78.00	清单工程量为：$(458.50-426.00)\times\sqrt{1+0.75^2}\times0.8\times$ $1.2\times2\times1.0=78.00$（m³）	458.50—导流墙的顶部高程；426.00—导流墙的底部高程；0.75—导流墙的坡度；$\sqrt{1+0.75^2}$—混凝土导流墙的厚度；0.8—混凝土导流墙的厚度；1.2—混凝土导流墙的高度；2—混凝土导流墙的个数	
12	500109001005	C25混凝土消力池	C25混凝土消力池	C25混凝土，底厚0.8m，宽26.9m，池深0.7m	m³	630.74	清单工程量为：$[0.8\times26.9\times(5.125+23.0)+1/2\times(0.3+$ $0.8)\times1.5\times(26.9\times2-0.2)]\times1.0=630.74(m^3)$	0.8—消力池底板厚度；26.9—消力池的宽度；5.125—消力池底板伸入坝内的长度；23.0—消力池底板的长度；0.3—消力池坡体断面上底边长；0.8—消力池坡体断面下底边长	

续表

序号	项目编码	项目名称	工程项目	项目特征描述	计算单位	工程量	计算过程	对应注释	备注
12	500109001005	C25混凝土消力池	C25混凝土消力池	C25混凝土; 底厚0.8m, 宽26.9m, 池深0.7m	m^3	630.74	清单工程量为: $[0.8×26.9×(5.125+23.0)+1/2×(0.3+0.8)×1.5×(26.9+2.0×2)]×1.0$ $=630.74(m^3)$	1.5——消力池底坎的高; 26.9——消力池的宽度; 2.0——消力池两侧挡墙的底部宽度; 2——两侧挡墙; 26.9+2.0×2——消力池底坎的长度	
13	500109001006	C25混凝土路面	C25混凝土路面	C25混凝土; 路面宽4.0m, 厚为0.3m	m^3	120.00	清单工程量为: $4.0×0.3×(45+55)×1.0=120(m^3)$	4.0——混凝土路面的宽度; 0.3——混凝土路面的厚度; 45——右岸非溢流坝段的长度; 55——左岸非溢流坝段的长度	
14	500109001007	C25混凝土桥墩	C25混凝土桥墩	桥墩宽为1.0m, 长4.0m. 上下游采用圆弧面	m^3	27.25	清单工程量为: $3.0×1.0+1/2×3.14×0.5^2×2)×$ $(461.80-458.20)×2×1.0=27.25(m^3)$	3.0——桥墩直线段的长度; 1.0——桥墩的厚度; 0.5——圆弧的半径; 2——圆弧的个数; 461.80——非溢流坝底部的坝顶高程; 458.20——非溢流坝底部高程(取平均值); 2——桥墩的个数	
15	500109001008	C30混凝土桥梁	C30混凝土桥梁	C30混凝土; 桥梁宽0.45m, 高0.8m	m^3	29.05	清单工程量为: $0.45×0.8×26.9×1.0=29.05(m^3)$	0.45——桥梁的宽度; 0.8——桥梁的高度; 3——桥梁的个数; 26.9——非溢流坝段的长度	
16	500109001009	C30混凝土桥板	C30混凝土桥板	C30混凝土; 桥梁面板板厚0.2m, 宽4.0m	m^3	21.52	清单工程量为: $0.2×4.0×26.9×1.0=21.52(m^3)$	0.2——桥梁面板的厚度; 4.0——桥梁面板的宽度; 26.9——非溢流坝段的长度	
17	500109008010	止水	止水片	有4道施工横缝, 采用紫铜片, 深度为0.5m	m	415.40	清单工程量为: $[(461.80-415.50+0.5)+(461.80-456.50)+(456.50-415.50)×$ $\sqrt{1+0.75^2}+0.5]×4×1.0=415.40(m)$	461.80——坝顶高程; 415.50——底板顶部高程; 0.5——止水片插入底板的深度; 461.50+0.5——上游坝面止水片的长度; 461.80——坝顶高程; 456.50——下游坝面倾斜段顶部高程	

续表

序号	项目编码	项目名称	工程项目	项目特征描述	计算单位	工程量	计算过程	对应注释	备注
17	500109008010	止水	止水片	有4道施工横缝,采用紫铜片,深度为0.5m	m	415.40	清单工程量为: $[(461.80-415.50+0.5)+(461.80-45$ $6.50]+(456.50-415.50)\times\sqrt{1+0.75^2}+$ $0.5]\times4\times1.0=415.40(m)$	415.50——底板顶部高程; 0.75——下游坝面倾斜段的坡度; $\sqrt{1+0.75^2}$——下游坝面倾斜段的长度; 0.5——止水片插入底板的深度; $(461.80-456.50)+(456.50-415.50)\times$ $\sqrt{1+0.75^2}+0.5$——下游坝面止水片的长度; 4——止水缝的个数	
18	500111001001	钢筋加工	钢筋加工		t	122.480	钢筋加工及安装 凝土溢流面钢筋清单工程量为: $1957.46\times5\%=97.87(t)$ 混凝土导流墙钢筋的清单工程量为: $78.00\times3\%=2.34(t)$ 混凝土消力池钢筋的清单工程量为: $630.74\times3\%=18.92(t)$ 混凝土桥墩钢筋清单工程量为: $27.25\times3\%=0.82(t)$ 混凝土桥浆钢筋清单工程量为: $29.05\times5\%=1.45(t)$ 混凝土桥面钢筋清单工程量为: $21.52\times5\%=1.08(t)$ 总的清单工程量为: $97.87+2.34+18.92+0.82+1.45+$ $1.08=122.48(t)$	1957.46——混凝土溢流面的清单工程量; 5%——混凝土溢流面的含钢量; 78.00——混凝土导流墙的清单工程量; 3%——混凝土导流墙的含钢量; 630.74——混凝土消力池的清单工程量; 3%——混凝土消力池的含钢量; 27.25——混凝土桥墩的清单工程量; 3%——混凝土桥墩的含钢量; 29.05——混凝土桥浆的清单工程量; 5%——混凝土桥浆的含钢量; 21.52——混凝土桥面的清单工程量; 5%——混凝土桥面的含钢量	
19	500108002001	帷幕灌浆	帷幕灌浆	孔距2.0m,孔深25m	m	1600.00	基础处理工程 孔数为: $n=(45+55+26.9)/2.0=63.45$ 取$n=64$ 清单工程量为: $25\times64\times1.0=1600(m)$	2.0——孔距; 25——孔深	

1.3.2 定额工程量

该浆砌石重力坝工程分部分项工程工程量清单计算见表 1-2，定额工程量计算过程见表 1-3。定额工程量套用《水利建筑工程预算定额》。

表 1-2 工程量清单计算表

工程名称：某浆砌石重力坝工程　　　　　　　　　　　　　　　　　　第　页　共　页

序号	项目编码	项目名称	计量单位	工程量	主要技术条款编码	备注
1		浆砌石重力坝工程				
1.1		岩石开挖				
1.1.1	500101002001	上层石方开挖	m³	42237.18		
1.1.2	500102006001	保护层石方开挖	m³	5869.12		
1.2		土石方回填				
	500103009001	石渣回填	m³	13098.56		
1.3		砌筑工程				
1.3.1	500105008001	M12.5 浆砌混凝土块	m³	2600.38		
1.3.2	500105008002	M10 浆砌混凝土块	m³	2544.75		
1.3.3	500105003001	M12.5 混凝土砌毛石	m³	94608.03		
1.3.4	500105003002	M10 浆砌石挡墙	m³	444.01		
1.4		混凝土工程				
1.4.1	500109001001	C15 混凝土底板	m³	5456.70		
1.4.2	500109001002	C20 混凝土防渗墙	m³	2889.32		
1.4.3	500109001003	C30 混凝土溢流面	m³	1957.46		
1.4.4	500109001004	C25 混凝土导流墙	m³	78.00		
1.4.5	500109001005	C25 混凝土消力池	m³	630.74		
1.4.6	500109001006	C25 混凝土路面	m³	120.00		
1.4.7	500109001007	C25 混凝土桥墩	m³	27.25		
1.4.8	500109001008	C30 混凝土桥梁	m³	29.05		
1.4.9	500109001009	C30 混凝土桥板	m³	21.52		
1.4.10	500109008010	止水	m	415.40		
1.5		钢筋加工及安装				
1.5.1	500111001001	钢筋加工	t	122.480		
1.6		基础处理工程				
	500108002001	帷幕灌浆	m	1600.00		

表 1-3　某浆砌石重力坝工程定额工程量计算过程

工程名称：某浆砌石重力坝工程

序号	项目名称	定额编号	分项工程名称	计算单位	工程量	计算过程	对应注释	备注
						岩石开挖		
1	上层石方开挖	20002	一般石方开挖 风钻钻孔	100m³	422.37	1/2×(34.75+2.5×1×2+9.5+29.5+14.75)×7.0×(45+55+26.9)+15.3×1.5×(26.9+2.0×2)=4237.18(m³)=422.37(100m³)	34.75——坝基底部开挖宽度； 2.5——坝底垫层和齿墙的总厚度； 1——基坑两侧的坡度； 2——基坑的两侧； 34.75+2.5×1×2——上层石方开挖的下底宽； 9.5——上层基础开挖至上游坝坡面的宽度； 29.5——大坝断面与地面线交线处的上底宽； 14.75——下游基础开挖至下游坝坡面的距离； 9.5+29.5+14.75——上层石方开挖深度； 7.0——上层非溢流坝段的长度； 45——右岸非溢流坝段消力池的开挖长度； 55——左岸非溢流坝段消力池的开挖深度； 26.9——中间溢流坝段的长度； 45+55+26.9——大坝的总长； 15.3——中间溢流坝段消力池的开挖长度； 1.5——中间溢流坝段消力池的开挖深度； 26.9——中间溢流坝段消力池的长度； 2.0——消力池两侧挡墙下部的宽度； 2——两侧挡墙； 26.9+2.0×2——中间溢流坝段消力池的开挖宽度	
2		20484	2m³装载机装石渣汽车运输、运距1km	100m³	42.00	1/2×(40+44)×(200-198)×50×1.0=4200(m³)=42.00(100m³)		
3	保护层石方开挖	20070	底部保护层石方开挖	100m³	58.69	1/2×(34.75+34.75+1.0×1.0×2)×1.0×(45+55+26.9)+1/2×(2.0+2.0+1.5+1.5×1.0)×1.5×(45+55+26.9)×2=5869.12(m³)=58.69(100m³)	34.75——坝基底部开挖宽度； 1.0——上层石方开挖深度； 45——右岸非溢流坝段的长度； 55——左岸非溢流坝段的长度； 26.9——中间溢流坝段的长度； 45+55+26.9——大坝的总长	
4	保护层石方开挖	20484	2m³装载机装石渣汽车运输、运距1km	100m³	58.69	1/2×(34.75+26.9)+1/2×(2.0+2.0+1.5+1.5×1.0)×1.5×(45+55+26.9)×2=5869.12(m³)=58.69(100m³)		

序号	项目名称	定额编号	分项工程名称	计算单位	工程量	计算过程	对应注释	备注
5		20484	$2m^3$装载机装石渣汽车运输	$100m^3$	124.80	$[1/2×9.5×(7.0+2.5)+1/2×(14.75+2.5×1.0)×7.0+1/2×2.5×1.0×2.5)]+[1/2×9.5×(7.0+2.5)+1/2×8.0×(7.0+2.5)]×26.9=11244.20+2236.06=12480.26(m^3)=124.80(100m^3)$	9.5—上游基础开挖至上游坝坡面的距离; 7.0—上层右方开挖深度; 2.5—坝底垫层和齿墙的总厚度; 7.0+2.5—总的回填深度; 14.75—下游基础开挖至下游坝坡面的距离; 2.5—坝底垫层和齿墙的总厚度; 1.0—基坑两侧的坡度;	
6	石渣回填	30057	拖拉机压实	$100m^3$	124.80	$[1/2×9.5×(7.0+2.5)+1/2×(14.75+2.5×1.0)×7.0+1/2×2.5×1.0×2.5)]+[1/2×9.5×(7.0+2.5)+1/2×8.0×(7.0+2.5)]×26.9=11244.20+2236.06=12480.26(m^3)=124.80(100m^3)$	2.5×1.0—大坝下基坑上部回填的梯形断面的下底宽; 7.0—上层两侧回填的坡度; 2.5—坝底垫层和齿墙的总厚度; 1.0—基坑深度; $1/2×2.5×1.0×2.5$—大坝下部回填的三角形形断面的面积; 45—右岸非溢流坝段的长度; 55—左岸非溢流坝段的长度; 45+55—大坝非溢流坝段的总长; 9.5—下游基础开挖至上游坝坡面的距离; 7.0—上层右方开挖深度; 2.5—坝底垫层和齿墙的总厚度; 7.0+2.5—总的回填深度; 8.0—下游基础开挖至下游坝坡面的距离; 26.9—中间溢流坝段的长度	

砌筑工程

序号	项目名称	定额编号	分项工程名称	计算单位	工程量	计算过程	对应注释	备注
7	M12.5浆砌混凝土块	30044	M12.5浆砌混凝土块	$100m^3$	26.00	$(461.80-415.50)×0.45×(45+55)+(458.20-415.50)×0.45×26.9=2600.38(m^3)=26.00(100m^3)$	461.80—坝顶高程; 415.50—混凝土垫层的顶部高程; 0.45—上游浆砌混凝土块的厚度; 45—右岸非溢流坝段的长度; 55—左岸非溢流坝段的长度; 458.20—溢流坝段浆砌混凝土块预制块顶端高程; 415.50—混凝土垫层的顶部高程; 0.45—浆砌混凝土块的厚度; 26.9—中间溢流坝段的长度	
8	M10浆砌混凝土块	30044	M10浆砌混凝土块	$100m^3$	25.45	$[[(461.80-456.50)+(456.50-415.50)×\sqrt{1+0.75^2}]×0.45×(45+55)=2544.75(m^3)=25.45(100m^3)$	461.80—坝顶高程; 456.50—下游坝面倾斜段顶部高程; 415.50—混凝土垫层基层顶部高程; $\dfrac{0.75}{\sqrt{1+0.75^2}}$—下游坝面倾斜段的坡度; 0.45—下游浆砌混凝土块的厚度; 45—右岸非溢流坝段的长度; 55—左岸非溢流坝段的长度	

续表

序号	项目名称	定额编号	分项工程名称	计算单位	工程量	计算过程	对应注释	备注
9	M12.5浆砌毛石	30020	M12.5浆砌毛石	100m³	946.08	[(461.80-456.50)×2.6+1/2×(2.6+34.75-0.45-0.5-0.45)×(456.50-415.50)]×(45+55)+[1/2×(34.75-0.45-0.5-0.45)×(458.20-415.50)+1/2×5.125×(421.00-415.50)]×26.9=75075.5+19532.53=94608.03(m³)=946.08(100m³)	461.80—坝顶高程； 456.50—下游坝面倾斜段顶部高程； 415.50—混凝土垫层的顶部高程； 0.45—混凝土溢流坝块上块的厚度； 45—右岸非溢流段的长度； 55—左岸非溢流段的长度； 458.20—溢流坝段浆砌毛石的顶部高程； 421.00—消力池底板顶部高程； 415.50—混凝土垫层底部浆砌毛石右石的高度； 421.00-415.50—上游浆砌的厚度； 0.5—上游防渗斜墙的厚度； 26.9—中间溢流坝段的长度	
10	M10浆砌石挡墙	30021	M10浆砌石挡墙	100m³	4.44	[1/2×(0.8+2.0)×4.2+2.0×0.8]×2×(23.3+6.38)=444.01(m³)=4.44(100m³)	0.8—挡墙上部梯形断面上底宽； 2.0—挡墙上部梯形断面下底宽； 4.2—挡墙上部梯形断面的高度； 2.0—挡墙下部矩形断面的宽度； 0.8—挡墙下部矩形断面的高度； 2—挡墙的个数； 23.3—消力池底板的长度； 6.38—导墙与消力池连接挡墙的长度； 23.3+6.38—挡墙的总长度	
			混凝土工程					
11	C15混凝土底板	40135	0.8m³搅拌机拌制混凝土	100m³	54.57	[34.75×1.0+1/2×(2.0+2.0+1.5)×1.5×2]×(45+55+26.9)=5456.7(m³)=54.57(100m³)	34.75—坝底宽度； 1.0—坝底垫层的厚度； 2.0—底板下部齿墙的下底宽； 1.5—齿墙倾斜段的宽度； 2.0+1.5—底板下部齿墙的上底宽； 1.5—齿墙的高度； 2—齿墙的个数； 45—右岸非溢流段的长度； 55—左岸非溢流段的长度； 26.9—中间溢流坝段的长度	
12		40156	机动翻斗车运混凝土	100m³	54.57	[34.75×1.0+1/2×(2.0+2.0+1.5)×1.5×2]×(45+55+26.9)=5456.7(m³)=54.57(100m³)		
13		40058	底板浇筑	100m³	54.57	[34.75×1.0+1/2×(2.0+2.0+1.5)×1.5×2]×(45+55+26.9)=5456.7(m³)=54.57(100m³)		
14	C20混凝土防渗墙	40135	0.8m³搅拌机拌制混凝土	100m³	28.89	(461.80-415.50+458.20-415.50)×0.5×26.9=2889.32(m³)=28.89(100m³)	461.80—坝顶高程； 415.50—混凝土垫层的顶部高程； 0.5—非溢流坝段防渗墙的厚度； 45—右岸非溢流坝段的长度	

续表

序号	项目名称	定额编号	分项工程名称	计算单位	工程量	计算过程	对应注释	备注
15		40150	斗车运混凝土	100m³	28.89	(461.80-415.50)×0.5×(45+55)+(458.20-415.50)×0.5×26.9=2889.32(m³)=28.89(100m³)	55—左岸半溢流坝段的长度; 458.20—溢流坝段防渗墙的顶部高程; 415.50—混凝土垫层的顶部高程; 0.5—溢流坝段防渗墙的厚度; 26.9—中间溢流坝段的长度	
16	C20混凝土防渗墙	40208	塔式起重机吊运混凝土	100m³	28.89	(461.80-415.50)×0.5×(45+55)+(458.20-415.50)×0.5×26.9=2889.32(m³)=28.89(100m³)		
17		40070	混凝土防渗墙浇筑	100m³	28.89	(461.80-415.50)×0.5×(45+55)+(458.20-415.50)×0.5×26.9=2889.32(m³)=28.89(100m³)		
18		40135	0.8m³搅拌机拌制混凝土	100m³	19.57	[(459.20-421.80)×$\sqrt{1+0.75^2}$×0.8+1/2×4.0×2-3.14×10.02×(53/360)]×26.9=1957.46(m³)=19.57(100m³)	459.02—溢流堰顶高程; 421.08—消力池池底底高程; 0.75—下游面倾斜段的坡度; $\sqrt{1+0.75^2}$ × (459.20-421.80)—顶部曲线段和中间直线段的总长度; 0.8—混凝土段倾斜段的厚度; 4.0—圆弧段底部切线段长; 10.0—圆弧段底部的半径; 1/2×4.0×10.0—圆弧段切线与上部三角形的面积; 2—三角形的个数; 53—圆弧的角度; 3.14×10.02×(53/360)—圆弧对应的扇形的面积; 26.9—中间溢流坝段的长度	
19	C30混凝土溢流面	40150	斗车运混凝土,运距200m	100m³	19.57	[(459.20-421.80)×$\sqrt{1+0.75^2}$×0.8+1/2×4.0×10×2-3.14×10.02×(53/360)]×26.9=1957.46(m³)=19.57(100m³)		
20		40208	塔式起重机吊运混凝土,混凝土吊罐1.6m³,平均吊高20m	100m³	19.57	[(459.20-421.80)×$\sqrt{1+0.75^2}$×0.8+1/2×4.0×10×2-3.14×10.02×(53/360)]×26.9=1957.46(m³)=19.57(100m³)		
21		40057	混凝土溢流面浇筑	100m³	19.57	[(459.20-421.80)×$\sqrt{1+0.75^2}$×0.8+1/2×4.0×10×2-3.14×10.02×(53/360)]×26.9=1957.46(m³)=19.57(100m³)		
22		40135	0.8m³搅拌机拌制混凝土	100m³	0.78	(458.50-426.00)×$\sqrt{1+0.75^2}$×0.8×1.2×2=78.00(m³)=0.78(100m³)	458.50—导流墙的顶部高程; 426.00—导流墙的底部高程; 0.75—导流墙的坡度; $\sqrt{1+0.75^2}$ × (458.50-426.00)—导流墙的总长度; 0.8—混凝土导流墙的厚度; 1.2—混凝土导流墙的高度; 2—混凝土导流墙的个数	
23	C25混凝土导流墙	40150	斗车运混凝土	100m³	0.78	(458.50-426.00)×$\sqrt{1+0.75^2}$×0.8×1.2×2=78.00(m³)=0.78(100m³)		
24		40207	塔式起重机吊运混凝土	100m³	0.78	(458.50-426.00)×$\sqrt{1+0.75^2}$×0.8×1.2×2=78.00(m³)=0.78(100m³)		

续表

序号	项目名称	定额编号	分项工程名称	计算单位	工程量	计算过程	对应注释	备注
25	C25混凝土导流墙	40071	混凝土导流墙浇筑	100m³	0.78	$(458.50-426.00)\times\sqrt{1+0.75^2}\times0.8\times1.2\times2=78.00(m^3)=0.78(100m^3)$	458.50——导流墙的顶部高程; 426.00——导流墙的底部高程; 0.75——导流墙的坡度; $\sqrt{1+0.75^2}$——导流墙的总长度; 0.8——混凝土导流墙的厚度; 1.2——混凝土导流墙的高度; 2——混凝土导流墙的个数	
26		40135	0.8m³搅拌机拌制混凝土	100m³	6.31	$0.8\times26.9\times(5.125+23.0)+1/2\times(0.3+0.8)\times1.5\times(26.9+2.0\times2)=630.74(m^3)=6.31(100m^3)$	0.8——消力池底板的厚度; 26.9——消力池的宽度; 5.125——消力池底板伸入坝内的底边长; 23.0——消力池底坎断面上底边长; 0.3——消力池底坎断面下底边长; 0.8——消力池底坎的高; 1.5——消力池底坎的宽度; 26.9——消力池的宽度; 2.0——消力池两侧挡墙的底部宽度; 2——两侧挡墙; 26.9+2.0×2——消力池底坎的长度	
27	C25混凝土消力池	40156	机动翻斗车运混凝土	100m³	6.31	$0.8\times26.9\times(5.125+23.0)+1/2\times(0.3+0.8)\times1.5\times(26.9+2.0\times2)=630.74(m^3)=6.31(100m^3)$		
28		40058	消力池底板浇筑	100m³	6.31	$0.8\times26.9\times(5.125+23.0)+1/2\times(0.3+0.8)\times1.5\times(26.9+2.0\times2)=630.74(m^3)=6.31(100m^3)$		
29		40135	0.8m³搅拌机拌制混凝土	100m³	1.20	$4.0\times0.3\times(45+55)=120(m^3)=1.20(100m^3)$	4.0——混凝土路面的宽度; 0.3——混凝土路面的厚度; 45——右岸非溢流坝段的长度; 55——左岸非溢流坝段的长度	
30	C25混凝土路面	40156	机动翻斗车运混凝土	100m³	1.20	$4.0\times0.3\times(45+55)=120(m^3)=1.20(100m^3)$		
31		40099	混凝土路面浇筑	100m³	1.20	$4.0\times0.3\times(45+55)=120(m^3)=1.20(100m^3)$		
32		40135	0.8m³搅拌机拌制混凝土	100m³	0.27	$(3.0\times1.0+1/2\times3.14\times0.5^2\times2)\times(461.80-458.20)\times2=27.25(m^3)=0.27(100m^3)$	3.0——桥墩直线段的长度; 1.0——桥墩的宽度; 0.5——圆弧的半径; 0.5——圆弧的半径; 461.80——非溢流坝段的坝顶高程; 458.20——桥墩底部高程（取平均值）; 2——桥墩的个数	
33	C25混凝土桥墩	40150	斗车运混凝土	100m³	0.27	$(3.0\times1.0+1/2\times3.14\times0.5^2\times2)\times(461.80-458.20)\times2=27.25(m^3)=0.27(100m^3)$		
34		40067	混凝土桥墩浇筑	100m³	0.27	$(3.0\times1.0+1/2\times3.14\times0.5^2\times2)\times(461.80-458.20)\times2=27.25(m^3)=0.27(100m^3)$		
35	C30混凝土桥梁	40105	预制混凝土交通桥横梁	100m³	0.29	$0.45\times0.8\times3\times26.9=29.05(m^3)=0.29(100m^3)$	0.45——桥梁的宽度; 0.8——桥梁的高度; 3——桥梁的个数; 26.9——非溢流坝段的长度	

续表

序号	项目名称	定额编号	分项工程名称	计算单位	工程量	计算过程	对应注释	备注
36	C30混凝土桥梁	40233	简易龙门式起重机吊运预制混凝土交通桥横梁	100m³	0.29	$0.45×0.8×3×26.9$ $=29.05(m^3)=0.29(100m^3)$	0.45——桥梁的宽度; 0.8——桥梁的高度; 3——桥梁的个数; 26.9——非溢流坝段的长度	
37	C25混凝土桥面板	40114	预制混凝土交通桥面板	100m³	0.22	$0.2×4.0×26.9$ $=21.52(m^3)=0.22(100m^3)$	0.2——桥梁面板的厚度; 4.0——桥梁面板的宽度; 26.9——非溢流坝段的长度	
38		40233	简易龙门式起重机吊运预制混凝土交通桥面板	100m³	0.22	$0.2×4.0×26.9$ $=21.52(m^3)=0.22(100m^3)$		
39	止水	40260	紫铜片	100m	4.15	$[(461.80-415.50+0.5)+(461.80-456.50)+$ $(456.50-415.50)×\sqrt{1+0.75^2}+$ $(456.50-415.50)×\sqrt{1+0.75^2}+0.5]×4$ $=415.40(m)=4.15(100m)$	461.80——坝顶高程; 415.50——底板顶部高程; 0.5——上水片插入底板的深度; 461.80——坝顶高程; 456.50——下游坝面倾斜段顶部高程; 415.50——底板顶部高程; 0.75——下游坝面倾斜段的斜率; $\sqrt{1+0.75^2}$——下游坝面倾斜段的长度; 0.5——止水片插入底板的深度; 4——止水缝的个数	
						钢筋加工及安装		
40	钢筋加工安装	40289	钢筋加工安装	t	122.48	$97.87+2.34+18.92+0.82+1.45+1.08$ $=122.48(t)$		
						基础处理工程		
41	帷幕灌浆	70014	帷幕灌浆	100m	0.25	$(198-173)×1.0=25(m)$ $=0.25(100m)$ 定额工程量为 $0.25×64×1.0=16.00(100m)$	0.25——孔深; 64——孔的个数	

分部分项工程量清单计价表见表 1-4。

表 1-4　分部分项工程量清单计价表

工程名称：某浆砌石重力坝工程　　　　　　　　　　　　　　　　　　　第　　页　共　　页

序号	项目编码	项目名称	计量单位	工程量	单价/元	合价/元	主要技术条款编码	备注
1		浆砌石重力坝工程						
1.1		岩石开挖						
1.1.1	500101002001	上层石方开挖	m³	42237.18	59.08	2495372.59		
1.1.2	500102006002	保护层石方开挖	m³	5869.12	177.26	1040360.21		
1.2		土石方回填						
1.2.1	500103009001	石渣回填	m³	13098.56	31.87	417451.11		
1.3		砌筑工程						
1.3.1	500105008001	M12.5 浆砌混凝土块	m³	2600.38	513.56	1335451.15		
1.3.2	500105008002	M10 浆砌混凝土块	m³	2544.75	510.57	1299273.01		
1.3.3	500105003003	M12.5 混凝土砌毛石	m³	94608.03	261.21	24712563.52		
1.3.4	500105003004	M10 浆砌石挡墙	m³	444.01	260.58	115700.13		
1.4		混凝土工程						
1.4.1	500109001001	C15 混凝土底板	m³	5456.70	441.18	2407386.91		
1.4.2	500109001002	C20 混凝土防渗墙	m³	2889.32	480.90	1389473.99		
1.4.3	500109001003	C30 混凝土溢流面	m³	1957.46	500.34	979395.54		
1.4.4	500109001004	C25 混凝土导流墙	m³	78.00	485.00	37830.00		
1.4.5	500109001005	C25 混凝土消力池	m³	630.74	471.75	297551.60		
1.4.6	500109001006	C25 混凝土路面	m³	120.00	472.06	56647.20		
1.4.7	500109001007	C25 混凝土桥墩	m³	27.25	459.24	12514.29		
1.4.8	500109001008	C30 混凝土桥梁	m³	29.05	711.98	20683.02		
1.4.9	500109001009	C25 混凝土桥面板	m³	21.52	59.08	1271.40		
1.4.10	500109008010	止水	m	415.40	177.26	73633.80		
1.5		钢筋加工及安装						
1.5.1	500111001001	钢筋加工安装	t	122.48	31.87	3903.44		
1.6		基础处理工程						
1.6.1	500108002001	帷幕灌浆	m	1600.00	513.56	821696.00		

工程单价汇总见表1-5。

表1-5 工程单价汇总

工程名称：某浆砌石重力坝工程　　　　　　　　　　　　第　页　共　页

序号	项目编码	项目名称	计量单位	人工费/元	材料费/元	机械费/元	施工管理费和利润/元	税金/元	合计/元
1		浆砌石重力坝工程							
1.1		岩石开挖							
1.1.1	500102001001	上层石方开挖	m³	3.58	17.66	22.73	13.26	1.85	59.08
1.1.2	500102006001	保护层石方开挖	m³	11.91	93.26	26.89	39.67	5.53	177.26
1.2		土石方回填							
1.2.1	500103009001	石渣回填	m³	0.94	0.66	22.15	7.13	0.99	31.87
1.3		砌筑工程							
1.3.1	500105008001	M12.5浆砌混凝土块	m³	27.11	353.95	1.54	114.94	16.02	513.56
1.3.2	500105008002	M10浆砌混凝土块	m³	27.11	351.72	1.54	114.27	15.93	510.57
1.3.3	500105003003	M12.5混凝土砌毛石	m³	26.84	165.34	2.42	58.46	8.15	261.21
1.3.4	500105003004	M10浆砌石挡墙	m³	33.79	157.98	2.36	58.32	8.13	260.58
1.4		混凝土工程							
1.4.1	500109001001	C15混凝土底板	m³	36.14	222.25	55.28	113.75	13.76	441.18
1.4.2	500109001002	C20混凝土防渗墙	m³	33.92	242.26	67.13	122.59	15.00	480.90
1.4.3	500109001003	C30混凝土溢流面	m³	41.21	256.01	60.57	126.94	15.61	500.34
1.4.4	500109001004	C25混凝土导流墙	m³	30.05	249.27	67.04	123.51	15.13	485.00
1.4.5	500109001005	C25混凝土消力池	m³	36.14	245.02	55.28	120.59	14.72	471.75
1.4.6	500109001006	C25混凝土路面	m³	28.72	248.65	59.30	120.66	14.73	472.06
1.4.7	500109001007	C25混凝土桥墩	m³	30.11	248.27	49.97	116.56	14.33	459.24
1.4.8	500109001008	C30混凝土桥梁	m³	81.90	432.63	15.89	159.35	22.21	711.98
1.4.9	500109001009	C30混凝土桥板	m³	86.36	263.11	14.57	109.37	15.24	488.65
1.4.10	500109008010	止水	m	26.89	477.26	1.73	151.98	21.18	679.04
1.5		钢筋加工及安装							
1.5.1	500111001001	钢筋加工	t	550.43	4854.36	292.53	1711.62	238.57	7647.51
1.6		基础处理工程							
1.6.1	500108002001	帷幕灌浆	m	30.45	15.13	72.07	35.35	4.93	157.93

工程量清单综合单价分析见表 1-6～表 1-24。

表 1-6　工程量清单综合单价分析表（一）

工程名称：某浆砌石重力坝工程　　　　　　　　　　　　　　　第　　页　共　　页

项目编码	500102001001		项目名称		一般石方开挖工程		计量单位			m³

| | | | | 清单综合单价组成明细 | | | | | | |

定额编号	定额名称	定额单位	数量	单价/元				合价/元			
				人工费	材料费	机械费	管理费和利润	人工费	材料费	机械费	管理费和利润
20070	一般石方开挖	100m³	422.37/42237.18 =0.01	324.81	1725.04	246.45	695.28	3.25	17.25	2.46	6.95
20484	2m³装载机挖石渣自卸汽车运输	100m³	422.37/42237.18 =0.01	33.14	41.21	2027.43	631.42	0.33	0.41	20.27	6.31
人工单价				小计				3.58	17.66	22.73	13.26
3.04 元/工时（初级工）				未计材料费				—			
清单项目综合单价								57.23			

材料费明细	主要材料名称、规格、型号		单位	数量	单价/元	合价/元	暂估单价/元	暂估合价/元
	合金钻头		个	0.0169	50	0.85		
	炸药		kg	0.3317	20	6.63		
	雷管		个	0.3034	10	3.03		
	导线　火线		m	0.8212	5	4.11		
	其他材料费					3.04		
	材料费小计					17.66		

表 1-7　工程量清单综合单价分析表（二）

工程名称：某浆砌石重力坝工程　　　　　　　　　　　　　　　第　　页　共　　页

项目编码	500102006001		项目名称		保护层石方开挖工程		计量单位			m³

| | | | | 清单综合单价组成明细 | | | | | | |

定额编号	定额名称	定额单位	数量	单价/元				合价/元			
				人工费	材料费	机械费	管理费和利润	人工费	材料费	机械费	管理费和利润
20070	保护层石方开挖	100m³	58.69/5869 =0.01	1158.36	9285.23	662.29	3336.49	11.58	92.85	6.62	33.36
20484	2m³装载机挖石渣自卸汽车运输	100m³	58.69/5869 =0.01	33.14	41.21	2027.43	631.42	0.33	0.41	20.27	6.31
人工单价				小计				11.91	93.26	26.89	39.67
3.04 元/工时（初级工）				未计材料费				—			
清单项目综合单价								171.73			

主要材料名称、规格、型号	单位	数量	单价/元	合价/元	暂估单价/元	暂估合价/元
合金钻头	个	0.05	50	2.50		
炸药	kg	0.63	20	12.60		
火雷管	个	4.18	10	41.80		
导火线	m	6.09	5	30.45		
其他材料费				5.91		
材料费小计				93.26		

（左侧并列："材料费明细"）

表1-8 工程量清单综合单价分析表（三）

工程名称：某浆砌石重力坝工程　　　　　　　　　　　　　　第　页　共　页

项目编码	500103009001	项目名称	石渣回填工程	计量单位	m³

清单综合单价组成明细

定额编号	定额名称	定额单位	数量	单价/元 人工费	材料费	机械费	管理费和利润	合价/元 人工费	材料费	机械费	管理费和利润
20484	2m³装载机挖石渣自卸汽车运输	100m³	130.99/13098.56 =0.01	33.14	41.21	2027.43	631.42	0.33	0.41	20.27	6.31
30057	拖拉机压实	100m³	130.99/13098.56 =0.01	60.80	24.83	187.52	82.06	0.61	0.25	1.88	0.82
人工单价			小计					0.94	0.66	22.15	7.13
3.04元/工时（初级工）			未计材料费					—			
清单项目综合单价								30.88			

主要材料名称、规格、型号	单位	数量	单价/元	合价/元	暂估单价/元	暂估合价/元
其他材料费				0.66		
材料费小计				0.66		

（左侧并列："材料费明细"）

表1-9 工程量清单综合单价分析表（四）

工程名称：某浆砌石重力坝工程　　　　　　　　　　　　　　第　页　共　页

项目编码	500105008001	项目名称	M12.5浆砌混凝土块	计量单位	m³

清单综合单价组成明细

定额编号	定额名称	定额单位	数量	单价/元 人工费	材料费	机械费	管理费和利润	合价/元 人工费	材料费	机械费	管理费和利润
30044	浆砌混凝土块	100m³	26.00/2600.38 =0.01	2711.28	35394.73	154.31	11494.34	27.11	353.95	1.54	114.94

人工单价		小计	27.11	353.95	1.54	114.94
3.04 元/工时（初级工） 5.62 元/工时（中级工） 7.11 元/工时（工长）		未计材料费			—	
清单项目综合单价				497.54		

	主要材料名称、规格、型号	单位	数量	单价/元	合价/元	暂估单价/元	暂估合价/元
材料费明细	混凝土块 C25	m³	0.92	337.38	310.39		
	砂浆 M12.5	m³	0.16	261.23	41.80		
	其他材料费				1.76		
	材料费小计				353.95		

表 1-10　工程量清单综合单价分析表（五）

工程名称：某浆砌石重力坝工程　　　　　　　　　　　　　第　　页　共　　页

项目编码	500105008002	项目名称	M10 浆砌混凝土块	计量单位	m³

清单综合单价组成明细

定额编号	定额名称	定额单位	数量	单价/元				合价/元			
				人工费	材料费	机械费	管理费和利润	人工费	材料费	机械费	管理费和利润
30044	浆砌混凝土块	100m³	25.45/2544.75 =0.01	2711.28	35171.86	154.31	11427.39	27.11	351.72	1.54	114.27
人工单价				小计				27.11	351.72	1.54	114.27

3.04 元/工时（初级工） 5.62 元/工时（中级工） 7.11 元/工时（工长）		未计材料费			—	
清单项目综合单价				494.64		

	主要材料名称、规格、型号	单位	数量	单价/元	合价/元	暂估单价/元	暂估合价/元
材料费明细	混凝土块 C25	m³	0.92	337.38	310.39		
	砂浆 M10	m³	0.16	247.37	39.58		
	其他材料费				1.75		
	材料费小计				351.72		

表 1-11　工程量清单综合单价分析表（六）

工程名称：某浆砌石重力坝工程　　　　　　　　　　　　　　　　第　页 共　页

项目编码	500105003001		项目名称		M12.5 浆砌毛石		计量单位		m³

清单综合单价组成明细

定额编号	定额名称	定额单位	数量	单价/元				合价/元			
				人工费	材料费	机械费	管理费和利润	人工费	材料费	机械费	管理费和利润
30020	浆砌毛石	100m³	946.08/94608.03 =0.01	2683.60	16553.67	242.00	5846.04	26.84	165.34	2.42	58.46
人工单价				小计				26.84	165.34	2.42	58.46
3.04 元/工时（初级工） 5.62 元/工时（中级工） 7.11 元/工时（工长）				未计材料费				—			
清单项目综合单价								253.84			

材料费明细	主要材料名称、规格、型号	单位	数量	单价/元	合价/元	暂估单价/元	暂估合价/元
	卵石	m³	1.08	67.67	73.08		
	砂浆　M12.5	m³	0.35	261.23	91.43		
	其他材料费				0.83		
	材料费小计				166.34		

表 1-12　工程量清单综合单价分析表（七）

工程名称：某浆砌石重力坝工程　　　　　　　　　　　　　　　　第　页 共　页

项目编码	500105003002		项目名称		M10 浆砌块石挡墙		计量单位		m³

清单综合单价组成明细

定额编号	定额名称	定额单位	数量	单价/元				合价/元			
				人工费	材料费	机械费	管理费和利润	人工费	材料费	机械费	管理费和利润
30021	浆砌块石挡墙	100m³	4.44/444.01 =0.01	3379.35	15797.53	235.56	5831.97	33.79	157.98	2.36	58.32
人工单价				小计				33.79	157.98	2.36	58.32
3.04 元/工时（初级工） 5.62 元/工时（中级工） 7.11 元/工时（工长）				未计材料费				—			
清单项目综合单价								252.45			

材料费明细	主要材料名称、规格、型号	单位	数量	单价/元	合价/元	暂估单价/元	暂估合价/元
	块石	m³	1.08	67.67	73.08		
	砂浆　M10	m³	0.34	247.37	84.11		
	其他材料费				0.79		
	材料费小计				158.98		

表 1-13　工程量清单综合单价分析表（八）

工程名称：某浆砌石重力坝工程　　　　　　　　　　　　第　页　共　页

| 项目编码 | 500109001001 | | 项目名称 | | C15 混凝土底板 | | 计量单位 | | | m³ |

清单综合单价组成明细

定额编号	定额名称	定额单位	数量	单价/元				合价/元			
				人工费	材料费	机械费	管理费和利润	人工费	材料费	机械费	管理费和利润
40135	0.8 m³ 搅拌机拌制 C15 混凝土	100m³	54.57/5456.7=0.01	878.91	106.77	4459.59	1635.88	8.79	1.07	44.60	16.36
40156	机动翻斗车运混凝土	100m³	54.57/5456.7=0.01	296.03	48.88	518.67	259.44	2.96	0.49	5.19	2.59
40058	混凝土底板浇筑	100m³	54.57/5456.7=0.01	2438.87	22068.50	549.01	9480.09	24.39	220.69	5.49	94.80
人工单价				小计				36.14	222.25	55.28	113.75
3.04 元/工时（初级工）5.62 元/工时（中级工）6.61 元/工时（高级工）7.11 元/工时（工长）				未计材料费				—			
清单项目综合单价								427.42			

材料费明细	主要材料名称、规格、型号	单位	数量	单价/元	合价/元	暂估单价/元	暂估合价/元
	混凝土　C15	m³	1.03	212.97	219.36		
	水	m³	1.2	0.19	0.23		
	其他材料费				2.70		
	材料费小计				222.29		

表 1-14　工程量清单综合单价分析表（九）

工程名称：某浆砌石重力坝工程　　　　　　　　　　　　第　页　共　页

| 项目编码 | 500109001002 | | 项目名称 | | C20 混凝土防渗墙 | | 计量单位 | | | m³ |

清单综合单价组成明细

定额编号	定额名称	定额单位	数量	单价/元				合价/元			
				人工费	材料费	机械费	管理费和利润	人工费	材料费	机械费	管理费和利润
40135	0.8 m³ 搅拌机拌制混凝土	100m³	28.89/2889.32=0.01	878.91	106.77	4459.59	1635.88	8.79	1.07	44.60	16.36
40150	斗车运混凝土	100m³	28.89/2889.32=0.01	306.74	19.64	20.52	104.21	3.07	0.20	0.21	1.04
40208	塔式起重机吊运混凝土	100m³	28.89/2889.32=0.01	496.30	91.39	1026.88	485.05	4.96	0.91	10.27	4.85
40070	混凝土防渗墙浇筑	100m³	28.89/2889.32=0.01	1708.85	24008.13	1204.94	10034.05	17.1	240.08	12.05	100.34
人工单价				小计				33.92	242.26	67.13	122.59
3.04 元/工时（初级工）5.62 元/工时（中级工）6.61 元/工时（高级工）7.11 元/工时（工长）				未计材料费				—			

续表

清单项目综合单价						465.90		

	主要材料名称、规格、型号	单位	数量	单价/元	合价/元	暂估单价/元	暂估合价/元
材料费明细	混凝土 C20	m³	1.03	212.97	219.36		
	水	m³	1.4	0.19	0.27		
	其他材料费				22.63		
	材料费小计				242.26		

表 1-15　工程量清单综合单价分析表（十）

工程名称：某浆砌石重力坝工程　　　　　　　　　　　　　　　　第　　页　共　　页

项目编码	500109001003		项目名称		C30 混凝土溢流面		计量单位		m³

清单综合单价组成明细

定额编号	定额名称	定额单位	数量	单价/元				合价/元			
				人工费	材料费	机械费	管理费和利润	人工费	材料费	机械费	管理费和利润
40135	0.8m³ 搅拌机拌制混凝土	100m³	19.57/1957.46=0.01	878.91	106.77	4459.59	1635.88	8.79	1.07	44.60	16.36
40150	斗车运混凝土	100m³	19.57/1957.46=0.01	306.74	19.64	20.52	104.21	3.07	0.20	0.21	1.04
40208	塔式起重机吊运混凝土	100m³	19.57/1957.46=0.01	496.30	91.39	1026.88	485.05	4.96	0.91	10.27	4.85
40058	混凝土溢流面浇筑	100m³	19.57/1957.46=0.01	2438.87	25383.05	549.01	10469.38	24.39	253.83	5.49	104.69
人工单价					小计			41.21	256.01	60.57	126.94
3.04 元/工时（初级工） 5.62 元/工时（中级工） 6.61 元/工时（高级工） 7.11 元/工时（工长）					未计材料费			—			

清单项目综合单价						484.73		

	主要材料名称、规格、型号	单位	数量	单价/元	合价/元	暂估单价/元	暂估合价/元
材料费明细	混凝土 C30	m³	1.03	244.99	252.34		
	水	m³	1.2	0.19	0.22		
	其他材料费				3.44		
	材料费小计				256.01		

表 1-16　工程量清单综合单价分析表（十一）

工程名称：某浆砌石重力坝工程　　　　　　　　　　　　　　　第　页　共　页

| 项目编码 | 500109001004 | | 项目名称 | | C25 混凝土导流墙 | | 计量单位 | | m³ |

清单综合单价组成明细

定额编号	定额名称	定额单位	数量	单价/元				合价/元			
				人工费	材料费	机械费	管理费和利润	人工费	材料费	机械费	管理费和利润
40135	0.8 m³ 搅拌机拌制混凝土	100m³	0.78/78.00=0.01	878.91	106.77	4459.59	1635.88	8.79	1.07	44.60	16.36
40150	斗车运混凝土	100m³	0.78/78.00=0.01	306.74	19.64	20.52	104.21	3.07	0.20	0.21	1.04
40207	塔式起重机吊运混凝土	100m³	0.78/78.00=0.01	496.30	91.39	1026.88	485.05	4.96	0.91	10.27	4.85
40071	混凝土导流墙浇筑	100m³	0.78/78.00=0.01	1321.88	24709.20	1195.67	10125.64	13.23	247.09	11.96	101.26
人工单价				小计				30.05	249.27	67.04	123.51
3.04 元/工时（初级工） 5.62 元/工时（中级工） 6.61 元/工时（高级工） 7.11 元/工时（工长）				未计材料费				—			
清单项目综合单价								469.87			

材料费明细	主要材料名称、规格、型号		单位	数量	单价/元	合价/元	暂估单价/元	暂估合价/元
	混凝土 C25		m³	1.03	234.97	242.02		
	水		m³	1.2	0.19	0.23		
	其他材料费					7.02		
	材料费小计					249.27		

表 1-17　工程量清单综合单价分析表（十二）

工程名称：某浆砌石重力坝工程　　　　　　　　　　　　　　　第　页　共　页

| 项目编码 | 500109001005 | | 项目名称 | | C25 混凝土消力池 | | 计量单位 | | m³ |

清单综合单价组成明细

定额编号	定额名称	定额单位	数量	单价/元				合价/元			
				人工费	材料费	机械费	管理费和利润	人工费	材料费	机械费	管理费和利润
40135	0.8 m³ 搅拌机拌制混凝土	100m³	6.31/630.74=0.01	878.91	106.77	4459.59	1635.88	8.79	1.07	44.60	16.36
40156	机动翻斗车运混凝土	100m³	6.31/630.74=0.01	296.03	48.88	518.67	259.44	2.96	0.49	5.19	2.59
40058	消力池底板浇筑	100m³	6.31/630.74=0.01	2438.87	24345.83	549.01	10164.27	24.39	243.46	5.49	101.64
人工单价				小计				36.14	245.02	55.28	120.59
3.04 元/工时（初级工） 5.62 元/工时（中级工） 6.61 元/工时（高级工） 7.11 元/工时（工长）				未计材料费				—			

续表

	清单项目综合单价				457.03		

	主要材料名称、规格、型号	单位	数量	单价/元	合价/元	暂估单价/元	暂估合价/元
材料费明细	混凝土 C25	m³	1.03	234.97	242.02		
	水	m³	1.2	0.19	0.23		
	其他材料费				2.77		
	材料费小计				245.02		

表 1-18　工程量清单综合单价分析表（十三）

工程名称：某浆砌石重力坝工程　　　　　　　　　　　　　　　　第　页　共　页

项目编码	500109001006		项目名称		C25 混凝土路面		计量单位		m³

清单综合单价组成明细

定额编号	定额名称	定额单位	数量	单价/元				合价/元			
				人工费	材料费	机械费	管理费和利润	人工费	材料费	机械费	管理费和利润
40135	0.8 m³ 搅拌机拌制混凝土	100m³	1.20/120=0.01	878.91	106.77	4459.59	1635.88	8.79	1.07	44.60	16.36
40156	机动翻斗车运混凝土	100m³	1.20/120=0.01	296.03	48.88	518.67	259.44	2.96	0.49	5.19	2.59
40099	C25 混凝土路面浇筑	100m³	1.20/120=0.01	1697.31	24709.20	950.74	10171.33	16.97	247.09	9.51	101.71
	人工单价				小计			28.72	248.65	59.30	120.66
	3.04 元/工时（初级工） 5.62 元/工时（中级工） 6.61 元/工时（高级工） 7.11 元/工时（工长）				未计材料费			—			

	清单项目综合单价				457.33		

	主要材料名称、规格、型号	单位	数量	单价/元	合价/元	暂估单价/元	暂估合价/元
材料费明细	混凝土 C25	m³	1.03	234.97	242.02		
	水	m³	1.2	0.19	0.23		
	其他材料费				6.40		
	材料费小计				248.65		

表 1-19　工程量清单综合单价分析表（十四）

工程名称：某浆砌石重力坝工程　　　　　　　　　　　　　　　　第　页　共　页

项目编码	500109001007		项目名称		C25 混凝土桥墩		计量单位		m³

清单综合单价组成明细

定额编号	定额名称	定额单位	数量	单价/元				合价/元			
				人工费	材料费	机械费	管理费和利润	人工费	材料费	机械费	管理费和利润
40135	0.8 m³ 搅拌机拌制 C25 混凝土	100m³	0.27/27.25=0.01	878.91	106.77	4459.59	1635.88	8.79	1.07	44.60	16.36

定额编号	定额名称	定额单位	数量	单价/元				合价/元			
				人工费	材料费	机械费	管理费和利润	人工费	材料费	机械费	管理费和利润
40150	斗车运混凝土	100m³	0.27/27.25=0.01	306.74	19.64	20.52	104.21	3.07	0.20	0.21	1.04
40067	C25 混凝土桥墩浇筑	100m³	0.27/27.25=0.01	1824.72	24699.51	516.36	9916.22	18.25	247.00	5.16	99.16
人工单价						小计		30.11	248.27	49.97	116.56
3.04 元/工时（初级工） 5.62 元/工时（中级工） 6.61 元/工时（高级工） 7.11 元/工时（工长）				未计材料费				—			
清单项目综合单价								444.91			

材料费明细	主要材料名称、规格、型号	单位	数量	单价/元	合价/元	暂估单价/元	暂估合价/元
	混凝土　C25	m³	1.03	234.97	242.02		
	水	m³	0.7	0.19	0.13		
	其他材料费				6.12		
	材料费小计				248.27		

表 1-20　工程量清单综合单价分析表（十五）

工程名称：某浆砌石重力坝工程　　　　　　　　　　　　　　第　　页　共　　页

项目编码	500109001008	项目名称	C30 混凝土交通桥横梁	计量单位	m³

清单综合单价组成明细

定额编号	定额名称	定额单位	数量	单价/元				合价/元			
				人工费	材料费	机械费	管理费和利润	人工费	材料费	机械费	管理费和利润
40105	预制 C30 混凝土交通桥横梁	100m³	0.29/29.05=0.01	7663.28	42805.79	933.26	15442.52	76.63	428.06	9.33	154.43
40233	简易龙门式起重机吊运预制混凝土交通桥横梁	100m³	0.29/29.05=0.01	526.52	456.96	655.58	492.42	5.27	4.57	6.56	4.92
人工单价						小计		81.90	432.63	15.89	159.35
3.04 元/工时（初级工） 5.62 元/工时（中级工） 6.61 元/工时（高级工） 7.11 元/工时（工长）				未计材料费				—			
清单项目综合单价								689.77			

材料费明细	主要材料名称、规格、型号	单位	数量	单价/元	合价/元	暂估单价/元	暂估合价/元
	锯材	m³	0.006	2020	12.12		

续表

主要材料名称、规格、型号	单位	数量	单价/元	合价/元	暂估单价/元	暂估合价/元
专用钢模板	kg	1.224	6.5	7.96		
铁件	kg	0.489	5.5	2.69		
预埋铁件	kg	27.35	5.5	150.43		
电焊条	kg	0.096	6.5	0.62		
铁钉	kg	0.018	5.5	0.10		
混凝土 C30	m³	1.02	244.99	249.89		
水	m³	1.8	0.19	0.34		
其他材料费				8.48		
材料费小计				432.63		

（材料费明细 — 左侧栏标题）

表 1-21 工程量清单综合单价分析表（十六）

工程名称：某浆砌石重力坝工程　　　　　　　　　　　　　　第　页　共　页

项目编码	500109001009		项目名称		C30 混凝土交通桥面板		计量单位		m³

清单综合单价组成明细

定额编号	定额名称	定额单位	数量	单价/元				合价/元			
				人工费	材料费	机械费	管理费和利润	人工费	材料费	机械费	管理费和利润
40114	预制C30混凝土交通桥面板	100m³	0.22/21.52=0.01	8109.40	25854.30	801.31	10444.56	81.09	258.54	8.01	104.45
40233	简易龙门式起重机吊运预制混凝土交通桥面板	100m³	0.22/21.52=0.01	526.52	456.96	655.58	492.42	5.27	4.57	6.56	4.92
人工单价				小计				86.36	263.11	14.57	109.37
3.04 元/工时（初级工） 5.62 元/工时（中级工） 6.61 元/工时（高级工） 7.11 元/工时（工长）				未计材料费				—			
清单项目综合单价								473.41			

主要材料名称、规格、型号	单位	数量	单价/元	合价/元	暂估单价/元	暂估合价/元
锯材	m³	0.002	2020	4.04		
专用钢模板	kg	0.757	6.5	4.92		
铁件	kg	0.213	5.5	1.17		
混凝土 C30	m³	1.02	244.99	249.89		
水	m³	2.4	0.19	0.46		
其他材料费				2.63		
材料费小计				263.11		

（材料费明细 — 左侧栏标题）

表 1-22　工程量清单综合单价分析表（十七）

工程名称：某浆砌石重力坝工程　　　　　　　　　　　　　　第　页　共　页

| 项目编码 | 500109008001 | | 项目名称 | | | 止水 | | 计量单位 | | m |

清单综合单价组成明细

定额编号	定额名称	定额单位	数量	单价/元				合价/元			
				人工费	材料费	机械费	管理费和利润	人工费	材料费	机械费	管理费和利润
40260	采用紫铜片进行止水	100延长米	4.15/415.4=0.01	2689.22	47725.81	172.51	15197.74	26.89	477.26	1.73	151.98
	人工单价			小计				26.89	477.26	1.73	151.98
	3.04元/工时（初级工） 5.62元/工时（中级工） 6.61元/工时（高级工） 7.11元/工时（工长）			未计材料费				—			
	清单项目综合单价							657.86			

材料费明细	主要材料名称、规格、型号	单位	数量	单价/元	合价/元	暂估单价/元	暂估合价/元
	沥青	t	0.017	4220	71.74		
	木柴	t	0.0057	400	2.28		
	紫铜片厚15mm	kg	5.61	71	398.31		
	铜电焊条	kg	0.03	6.5	0.20		
	其他材料费				4.73		
	材料费小计				477.26		

表 1-23　工程量清单综合单价分析表（十八）

工程名称：某浆砌石重力坝工程　　　　　　　　　　　　　　第　页　共　页

| 项目编码 | 500111001001 | | 项目名称 | | 钢筋制作与安装 | | 计量单位 | | t |

清单综合单价组成明细

定额编号	定额名称	定额单位	数量	单价/元				合价/元			
				人工费	材料费	机械费	管理费和利润	人工费	材料费	机械费	管理费和利润
40289	钢筋制作与安装	t	122.480/122.480=1.00	550.43	4854.36	292.53	1711.62	550.43	4854.36	292.53	1711.62
	人工单价			小计				550.43	4854.36	292.53	1711.62
	3.04元/工时（初级工） 5.62元/工时（中级工） 6.61元/工时（高级工） 7.11元/工时（工长）			未计材料费				—			
	清单项目综合单价							7408.04			

材料费明细	主要材料名称、规格、型号	单位	数量	单价/元	合价/元	暂估单价/元	暂估合价/元
	钢筋	t	1.02	4644.48	4737.37		
	铁丝	kg	4	5.5	22.00		
	电焊条	kg	7.22	6.5	46.93		
	其他材料费				48.06		
	材料费小计				4854.36		

表1-24 工程量清单综合单价分析表（十九）

工程名称：某浆砌石重力坝工程

项目编码	500108002001		项目名称		地基处理工程		计量单位		m

清单综合单价组成明细

定额编号	定额名称	定额单位	数量	单价/元				合价/元			
				人工费	材料费	机械费	管理费和利润	人工费	材料费	机械费	管理费和利润
70014	帷幕灌浆自下而上分段灌浆	100m	0.25/25.00=0.01	3045.22	1513.32	7206.64	3534.56	30.45	15.13	72.07	35.35

	人工单价	小计				30.45	15.13	72.07	35.35

3.04 元/工时（初级工） 5.62 元/工时（中级工） 6.61 元/工时（高级工） 7.11 元/工时（工长）	未计材料费	—

清单项目综合单价		153.00

材料费明细	主要材料名称、规格、型号	单位	数量	单价/元	合价/元	暂估单价/元	暂估合价/元
	水泥 32#	t	0.035	349.38	12.23		
	水	kg	4.9	0.19	0.93		
	其他材料费				1.97		
	材料费小计				15.13		

工程预算单价计算表见表1-25~表1-51。

表1-25 水利建筑工程预算单价计算表（一）

石方开挖工程

定额编号：20002　　　　　　单价编号：500102001001　　　　　　定额单位：100m³

施工方法：一般石方开挖

工作内容：钻孔、爆破、撬移、解小、翻渣、清面、修正断面

编号	名称及规格	单位	数量	单价/元	合计/元
一	直接工程费				2580.45
1	直接费				2314.31
1-1	人工费				324.81
	工长	工时	1.8	7.11	12.8
	中级工	工时	17.6	5.62	98.91
	初级工	工时	70.1	3.04	213.10
1-2	材料费				1725.04
	合金钻头	个	1.69	50	84.50
	炸药	kg	33.17	20	663.40

编号	名称及规格	单位	数量	单价/元	合计/元
	雷管	个	30.34	10	303.40
	导线　火线	m	82.12	5	410.60
	其他材料费	%	18	1461.9	263.14
1-3	机械费				246.45
	风钻　手持式	台时	7.89	30.47	240.41
	其他机械费	%	10	240.41	24.04
2	其他直接费	%	2.5	2314.31	57.86
3	现场经费	%	9	2314.31	208.29
二	间接费	%	9	2580.45	232.24
三	企业利润	%	7	2812.69	196.89
四	税金	%	3.22	3009.58	96.91
五	其他				
六	合计				3106.49

表 1-26　水利建筑工程预算单价计算表（二）

石方开挖工程

定额编号：20484　　　　　　　　单价编号：500102001001　　　　　　　定额单位：100m³

施工方法：2m³装载机挖石渣自卸汽车运输　运距：1km

工作内容：挖装、运输、卸除、空回

编号	名称及规格	单位	数量	单价/元	合计/元
一	直接工程费				2343.48
1	直接费				2101.78
1-1	人工费				33.14
	初级工	工时	10.9	3.04	33.14
1-2	材料费				41.21
	零星材料费	%	2	2060.57	41.21
1-3	机械费				2027.43
	装载机　2m³	台时	2.05	237.03	485.91
	推土机　88kW	台时	1.03	181.23	186.67
	自卸汽车　8t	台时	10.17	133.22	1354.85

编号	名称及规格	单位	数量	单价/元	合计/元
2	其他直接费	%	2.5	2101.78	52.54
3	现场经费	%	9	2101.78	189.16
二	间接费	%	9	2343.48	210.91
三	企业利润	%	7	2554.40	178.81
四	税金	%	3.22	2733.21	88.01
五	其他				
六	合计				2821.22

表 1-27　水利建筑工程预算单价计算表（三）

保护层石方开挖工程

定额编号：20070　　　　　　单价编号：500102006001　　　　　　定额单位：100m³

施工方法：保护层石方开挖

工作内容：钻孔、爆破、撬移、解小、翻渣、清面、修正断面

编号	名称及规格	单位	数量	单价/元	合计/元
一	直接工程费				12383.06
1	直接费				11105.89
1-1	人工费				1158.36
	工长	工时	6	7.11	42.66
	中级工	工时	85.2	5.62	478.82
	初级工	工时	209.5	3.04	636.88
1-2	材料费				9285.23
	合金钻头	个	5.46	50	273.00
	炸药	kg	63.14	20	1262.80
	火雷管	个	417.75	10	4177.50
	导火线	m	609.27	5	3046.35
	其他材料费	%	6	8759.65	525.58
1-3	机械费				662.29
	风钻　手持式	台时	21.48	28.03	602.08
	其他机械费	%	10	602.08	60.21

编号	名称及规格	单位	数量	单价/元	合计/元
2	其他直接费	%	2.5	11105.89	277.65
3	现场经费	%	9	11105.89	999.53
二	间接费	%	9	12383.06	1114.48
三	企业利润	%	7	13497.54	944.83
四	税金	%	3.22	14442.37	465.04
五	其他				
六	合计				14907.41

表 1-28　水利建筑工程预算单价计算表（四）

石渣回填

定额编号：20484　　　　　　　单价编号：500103009001　　　　　　　定额单位：100m³

施工方法：2m³装载机挖石渣自卸汽车运输　运距：1km

工作内容：挖装、运输、卸除、空回

编号	名称及规格	单位	数量	单价/元	合计/元
一	直接工程费				2343.48
1	直接费				2101.78
1-1	人工费				33.14
	初级工	工时	10.9	3.04	33.14
1-2	材料费				41.21
	零星材料费	%	2	2060.57	41.21
1-3	机械费				2027.43
	装载机　2m³	台时	2.05	237.03	485.91
	推土机　88kW	台时	1.03	181.23	186.67
	自卸汽车　8t	台时	10.17	133.22	1354.85
2	其他直接费	%	2.5	2101.78	52.54
3	现场经费	%	9	2101.78	189.16
二	间接费	%	9	2343.48	210.91
三	企业利润	%	7	2554.40	178.81

续表

编号	名称及规格	单位	数量	单价/元	合计/元
四	税金	%	3.22	2733.21	88.01
五	其他				
六	合计				2821.22

表 1-29 水利建筑工程预算单价计算表（五）

石渣回填

定额编号：30057　　　　　　　　单价编号：500103009001　　　　　　　　定额单位：100m³

施工方法：拖拉机压实

工作内容：推平、压实、修坡、洒水、补边夯、辅助工作

编号	名称及规格	单位	数量	单价/元	合计/元
一	直接工程费				304.56
1	直接费				273.15
1-1	人工费				60.80
	初级工	工时	20	3.04	60.80
1-2	材料费				24.83
	零星材料费	%	10	248.32	24.83
1-3	机械费				187.52
	拖拉机　74kW	台时	0.79	122.19	96.53
	推土机　74kW	台时	0.5	149.45	74.73
	蛙式打夯机 2.8kW	台时	1	14.41	14.41
	其他机械费	%	1	185.67	1.86
2	其他直接费	%	2.5	273.15	6.83
3	现场经费	%	9	273.15	24.58
二	间接费	%	9	304.56	27.41
三	企业利润	%	7	331.97	23.24
四	税金	%	3.22	355.21	11.44
五	其他				
六	合计				366.65

表 1-30　水利建筑工程预算单价计算表（六）

预制 C25 混凝土块

定额编号：40114　　　　　　单价编号：500105008001　　　　　定额单位：100m³

施工方法：预制 C25 混凝土块

工作内容：模板制作、安装、拆除，混凝土拌制，场内运输，浇筑，养护，堆放

编号	名称及规格	单位	数量	单价/元	合计/元
一	直接工程费				37613.13
1	直接费				33733.75
1-1	人工费				8109.40
	工长	工时	65.4	7.11	464.99
	高级工	工时	212.7	6.61	1405.95
	中级工	工时	818	5.62	4597.16
	初级工	工时	539.9	3.04	1641.30
1-2	材料费				24823.04
	专用钢模板	kg	75.67	6.5	491.86
	铁件	kg	13.25	5.5	72.88
	混凝土　C25	m³	102	234.97	23966.94
	水	m³	240	0.19	45.60
	其他材料费	%	1	24577.27	245.77
1-3	机械费				801.31
	搅拌机　0.4m³	台时	18.36	23.83	437.52
	胶轮车	台时	92.8	0.9	83.52
	载重汽车　5t	台时	1.04	95.61	99.43
	振动器 1.5kW	台时	24	3.18	76.32
	其他机械费	%	15	696.79	104.52
2	其他直接费	%	2.5	33733.75	843.34
3	现场经费	%	9	33733.75	3036.04
二	间接费	%	9	37613.13	3385.18
三	企业利润	%	7	40998.31	2869.88
四	税金	%	3.22	43868.19	1412.56
五	其他				
六	合计				45280.75

表 1-31 水利建筑工程预算单价计算表（七）

M12.5 浆砌混凝土块

定额编号：30044　　　　　　　单价编号：500105008001　　　　　　定额单位：100m³

施工方法：浆砌混凝土块

编号	名称及规格	单位	数量	单价/元	合计/元
一	直接工程费				42660.26
1	直接费				38260.32
1-1	人工费				2711.28
	工长	工时	13.2	7.11	93.85
	中级工	工时	253.8	5.62	1426.36
	初级工	工时	391.8	3.04	1192.07
1-2	材料费				35394.73
	混凝土块 C25	m³	92	337.38	31038.96
	砂浆 M12.5	m³	16	261.23	4179.68
	其他材料费	%	0.5	35218.64	176.09
1-3	机械费				154.31
	灰浆搅拌机	台时	2.88	15.62	44.99
	胶轮车	台时	121.47	0.9	109.32
2	其他直接费	%	2.5	38262.32	956.51
3	现场经费	%	9	38262.32	3443.43
二	间接费	%	9	42660.26	3839.42
三	企业利润	%	7	46499.68	3254.98
四	税金	%	3.22	49754.66	1602.10
五	其他				
六	合计				51356.76

表1-32 水利建筑工程预算单价计算表（八）

M10浆砌混凝土块

定额编号：30044　　　　　　　单价编号：500105008001　　　　　　　定额单位：100m³

施工方法：浆砌混凝土块

编号	名称及规格	单位	数量	单价/元	合计/元
一	直接工程费				42411.76
1	直接费				38037.45
1-1	人工费				2711.28
	工长	工时	13.2	7.11	93.85
	中级工	工时	253.8	5.62	1426.36
	初级工	工时	391.8	3.04	1192.07
1-2	材料费				35171.86
	混凝土块 C25	m³	92	337.38	31038.96
	砂浆 M10	m³	16	247.37	3957.92
	其他材料费	%	0.5	34996.88	174.98
1-3	机械费				154.31
	灰浆搅拌机	台时	2.88	15.62	44.99
	胶轮车	台时	121.47	0.9	109.32
2	其他直接费	%	2.5	38037.45	950.94
3	现场经费	%	9	38037.45	3423.37
二	间接费	%	9	42411.76	3817.06
三	企业利润	%	7	46228.81	3236.02
四	税金	%	3.22	49464.83	1592.77
五	其他				
六	合计				51057.60

表1-33 水利建筑工程预算单价计算表（九）

M12.5浆砌毛石

定额编号：30020　　　　　　　单价编号：500105003001　　　　　　　定额单位：100m³

施工方法：浆砌毛石

编号	名称及规格	单位	数量	单价/元	合计/元
一	直接工程费				21697.09
1	直接费				19459.27
1-1	人工费				2683.60
	工长	工时	13.3	7.11	94.56
	中级工	工时	236.2	5.62	1327.44
	初级工	工时	415	3.04	1261.60
1-2	材料费				16533.67
	卵石	m³	108	67.67	7308.36

编号	名称及规格	单位	数量	单价/元	合计/元
	砂浆 M12.5	m³	35	261.23	9143.05
	其他材料费	%	0.5	16451.41	82.26
1-3	机械费				242.00
	灰浆搅拌机	台时	6.35	15.62	99.19
	胶轮车	台时	158.68	0.9	142.81
2	其他直接费	%	2.5	19459.27	486.48
3	现场经费	%	9	19459.27	1751.33
二	间接费	%	9	21697.09	1952.74
三	企业利润	%	7	23649.82	1655.49
四	税金	%	3.22	25305.31	814.83
五	其他				
六	合计				26120.14

表 1-34　水利建筑工程预算单价计算表（十）

M10 浆砌块石挡墙

定额编号：30021　　　　　单价编号：500105003002　　　　　定额单位：100m³

施工方法：浆砌块石

编号	名称及规格	单位	数量	单价/元	合计/元
一	直接工程费				21644.88
1	直接费				19412.45
1-1	人工费				3379.35
	工长	工时	16.2	7.11	115.18
	中级工	工时	329.5	5.62	1851.79
	初级工	工时	464.6	3.04	1412.38
1-2	材料费				15797.53
	块石	m³	108	67.67	7308.36
	砂浆 M10	m³	34	247.37	8410.58
	其他材料费	%	0.5	15718.94	78.59
1-3	机械费				235.56
	灰浆搅拌机	台时	6.12	15.62	95.59
	胶轮车	台时	155.52	0.9	139.97
2	其他直接费	%	2.5	19412.45	485.31
3	现场经费	%	9	19412.45	1747.12
二	间接费	%	9	21644.88	1948.04
三	企业利润	%	7	23592.92	1651.50
四	税金	%	3.22	25244.43	812.87
五	其他				
六	合计				26057.30

表 1-35 水利建筑工程预算单价计算表（十一）

C15 混凝土垫层

定额编号：40135　　　　　　　单价编号：500109001001　　　　　　　定额单位：100m³

施工方法：0.8m³ 搅拌机拌制混凝土

工作内容：场内配运水泥、骨料，投料，加水，加外加剂，搅拌，出料，清洗

编号	名称及规格	单位	数量	单价/元	合计/元
一	直接工程费				6071.48
1	直接费				5445.27
1-1	人工费				878.91
	中级工	工时	91.1	5.62	511.98
	初级工	工时	120.7	3.04	366.93
1-2	材料费				106.77
	零星材料费	%	2	5338.50	106.77
1-3	机械费		8.64		4459.59
	搅拌机　0.8m³	台时	83	23.83	1977.89
	风水枪	台时	83	29.9	2481.7
2	其他直接费	%	2.5	5445.27	136.13
3	现场经费	%	9	5445.27	490.07
二	间接费	%	9	6071.48	546.43
三	企业利润	%	7	6617.91	463.25
四	税金	%	3.22	7081.16	228.01
五	其他				
六	合计				7309.17

表 1-36 水利建筑工程预算单价计算表（十二）

C15 混凝土垫层

定额编号：40156　　　　　　　单价编号：500109001001　　　　　　　定额单位：100m³

施工方法：机动翻斗车运混凝土，运距 200m

工作内容：装、运、卸、清洗

编号	名称及规格	单位	数量	单价/元	合计/元
一	直接工程费				962.89
1	直接费				863.58
1-1	人工费				296.03
	中级工	工时	36.5	5.62	205.13

编号	名称及规格	单位	数量	单价/元	合计/元
	初级工	工时	29.9	3.04	90.90
1-2	材料费				48.88
	零星材料费	%	6	814.70	48.88
1-3	机械费				518.67
	机动翻斗车 1t	台时	22.6	22.95	518.67
2	其他直接费	%	2.5	863.58	21.59
3	现场经费	%	9	863.58	77.72
二	间接费	%	9	962.89	86.66
三	企业利润	%	7	1049.55	73.47
四	税金	%	3.22	1123.02	36.16
五	其他				
六	合计				1159.18

表 1-37　水利建筑工程预算单价计算表（十三）

C15 混凝土垫层

定额编号：40058　　　　　　单价编号：500109001001　　　　　定额单位：100m³

施工方法：混凝土垫层浇筑

编号	名称及规格	单位	数量	单价/元	合计/元
一	直接工程费				35184.58
1	直接费				31555.68
1-1	人工费				2438.87
	工长	工时	15.6	7.11	110.92
	高级工	工时	20.9	6.61	138.15
	中级工	工时	276.7	5.62	1555.05
	初级工	工时	208.8	3.04	634.75
1-2	材料费				22068.50
	混凝土　C15	m³	103	212.97	21935.91
	水	m³	120	0.19	22.80
	其他材料费	%	0.5	21958.71	109.79
1-3	机械费				549.01
	振动器　1.1kW	台时	40.05	2.17	86.91
	风水枪	台时	14.92	29.9	446.11

续表

编号	名称及规格	单位	数量	单价/元	合计/元
	其他机械费	%	3	533.02	15.99
1-4	嵌套项				6499.30
	混凝土拌制	m³	103	54.46	5609.38
	混凝土运输	m³	103	8.64	889.92
2	其他直接费	%	2.5	31555.68	788.89
3	现场经费	%	9	31555.68	2840.01
二	间接费	%	9	35184.58	3166.61
三	企业利润	%	7	38351.20	2684.58
四	税金	%	3.22	41035.78	1321.35
五	其他				
六	合计				42357.13

表 1-38　水利建筑工程预算单价计算表（十四）

C20 混凝土防渗墙

定额编号：40150　　　　　单价编号：500109001002　　　　　定额单位：100m³

施工方法：斗车运混凝土，运距 200m

工作内容：装、运、卸、清洗

编号	名称及规格	单位	数量	单价/元	合计/元
一	直接工程费				386.79
1	直接费				346.90
1-1	人工费				306.74
	初级工	工时	100.9	3.04	306.74
1-2	材料费				19.64
	零星材料费	%	6	327.26	19.64
1-3	机械费				20.52
	V 形斗车 0.6m³	台时	38	0.54	20.52
2	其他直接费	%	2.5	346.90	8.67
3	现场经费	%	9	346.90	31.22
二	间接费	%	9	386.79	34.81
三	企业利润	%	7	421.60	29.51
四	税金	%	3.22	451.12	14.53
五	其他				
六	合计				465.65

表 1-39　水利建筑工程预算单价计算表（十五）

C20 混凝土防渗墙

定额编号：40208　　　　　　　　单价编号：500109001002　　　　　　定额单位：100m³

施工方法：塔式起重机吊运混凝土

编号	名称及规格	单位	数量	单价/元	合计/元
一	直接工程费				1800.25
1	直接费				1614.57
1-1	人工费				496.30
	高级工	工时	18.7	6.61	123.61
	中级工	工时	56.2	5.62	315.84
	初级工	工时	18.7	3.04	56.85
1-2	材料费				91.39
	零星材料费	%	6	1523.18	91.39
1-3	机械费				1026.88
	塔式起重机　6t	台时	14.85	66.62	989.31
	混凝土吊罐 0.65m³	台时	14.85	2.53	37.57
2	其他直接费	%	2.5	1614.57	40.36
3	现场经费	%	9	1614.57	145.31
二	间接费	%	9	1800.25	162.02
三	企业利润	%	7	1962.27	137.36
四	税金	%	3.22	2099.63	67.61
五	其他				
六	合计				2167.24

表 1-40　水利建筑工程预算单价计算表（十六）

C20 混凝土防渗墙

定额编号：40070　　　　　　　　单价编号：500109001002　　　　　　定额单位：100m³

施工方法：混凝土防渗墙浇筑

编号	名称及规格	单位	数量	单价/元	合计/元
一	直接工程费				37240.54
1	直接费				33399.59
1-1	人工费				1708.85

编号	名称及规格	单位	数量	单价/元	合计/元
	工长	工时	10.5	7.11	74.66
	高级工	工时	24.6	6.61	162.61
	中级工	工时	197.1	5.62	1107.70
	初级工	工时	119.7	3.04	363.89
1-2	材料费				24008.13
	混凝土 C20	m^3	103	228.26	23510.78
	水	m^3	140	0.19	26.60
	其他材料费	%	2	23537.38	470.75
1-3	机械费				1204.94
	振动器 1.1kW	台时	40.05	2.17	86.91
	风水枪	台时	10	29.9	299
	混凝土泵 30m^3/h	台时	8.75	87.87	768.86
	其他机械费	%	13	385.91	50.17
1-4	嵌套项				6477.67
	混凝土拌制	m^3	103	54.46	5609.38
	混凝土运输	m^3	103	8.43	868.29
2	其他直接费	%	2.5	33399.59	834.99
3	现场经费	%	9	33399.59	3005.96
二	间接费	%	9	37240.54	3351.65
三	企业利润	%	7	40592.19	2841.45
四	税金	%	3.22	43433.65	1398.56
五	其他				
六	合计				44832.21

表 1-41 水利建筑工程预算单价计算表（十七）

C30 混凝土溢流面

定额编号：40058　　　　　　　　单价编号：500109001003　　　　　　　定额单位：100m³

施工方法：混凝土溢流面浇筑

编号	名称及规格	单位	数量	单价/元	合计/元
一	直接工程费				38856.19
1	直接费				34848.60
1-1	人工费				2438.87
	工长	工时	15.6	7.11	110.92
	高级工	工时	20.9	6.61	138.15
	中级工	工时	276.7	5.62	1555.05
	初级工	工时	208.8	3.04	634.75
1-2	材料费				25383.05
	混凝土 C30	m³	103	244.99	25233.97
	水	m³	120	0.19	22.80
	其他材料费	%	0.5	25256.77	126.28
1-3	机械费				549.01
	振动器 1.1kW	台时	40.05	2.17	86.91
	风水枪	台时	14.92	29.9	446.11
	其他机械费	%	3	533.02	15.99
1-4	嵌套项				6477.67
	混凝土拌制	m³	103	54.46	5609.38
	混凝土运输	m³	103	8.43	868.29
2	其他直接费	%	2.5	34848.60	871.22
3	现场经费	%	9	34848.60	3136.37
二	间接费	%	9	38856.19	3497.06
三	企业利润	%	7	42353.25	2964.73
四	税金	%	3.22	45317.97	1459.24
五	其他				
六	合计				46777.21

表 1-42　水利建筑工程预算单价计算表（十八）

C30 混凝土导流墙

定额编号：40071　　　　　　单价编号：500109001004　　　　　定额单位：100m³

施工方法：混凝土导流墙浇筑

编号	名称及规格	单位	数量	单价/元	合计/元
一	直接工程费				37580.44
1	直接费				33704.43
1-1	人工费				1321.88
	工长	工时	8.2	7.11	58.30
	高级工	工时	19	6.61	125.59
	中级工	工时	152.4	5.62	856.49
	初级工	工时	92.6	3.04	281.50
1-2	材料费				24709.20
	混凝土　C25	m³	103	234.97	24201.91
	水	m³	120	0.19	22.80
	其他材料费	%	2	24224.71	484.49
1-3	机械费				1195.67
	振动器　1.1kW	台时	40.05	2.17	86.91
	风水枪	台时	10	29.9	299
	混凝土泵 30m³/h	台时	7.65	87.87	672.21
	其他机械费	%	13	1058.11	137.55
1-4	嵌套项				6477.67
	混凝土拌制	m³	103	54.46	5609.38
	混凝土运输	m³	103	8.43	868.29
2	其他直接费	%	2.5	33704.43	842.61
3	现场经费	%	9	33704.43	3033.40
二	间接费	%	9	37580.44	3382.24
三	企业利润	%	7	40962.68	2867.39
四	税金	%	3.22	43830.06	1411.33
五	其他				
六	合计				45241.39

表 1-43 水利建筑工程预算单价计算表（十九）

C25 混凝土消力池

定额编号：40058　　　　　单价编号：500109001005　　　　　定额单位：100m³

施工方法：混凝土消力池底板浇筑

编号	名称及规格	单位	数量	单价/元	合计/元
一	直接工程费				37723.81
1	直接费				33833.01
1-1	人工费				2438.87
	工长	工时	15.6	7.11	110.92
	高级工	工时	20.9	6.61	138.15
	中级工	工时	276.7	5.62	1555.05
	初级工	工时	208.8	3.04	634.75
1-2	材料费				24345.83
	混凝土 C25	m³	103	234.97	24201.91
	水	m³	120	0.19	22.80
	其他材料费	%	0.5	24224.71	121.12
1-3	机械费				549.01
	振动器 1.1kW	台时	40.05	2.17	86.91
	风水枪	台时	14.92	29.9	446.11
	其他机械费	%	3	533.02	15.99
1-4	嵌套项				6499.30
	混凝土拌制	m³	103	54.46	5609.38
	混凝土运输	m³	103	8.64	889.92
2	其他直接费	%	2.5	33833.01	845.83
3	现场经费	%	9	33833.01	3044.97
二	间接费	%	9	37723.81	3395.14
三	企业利润	%	7	41118.95	2878.33
四	税金	%	3.22	43997.28	1416.71
五	其他				
六	合计				45413.99

表 1-44　水利建筑工程预算单价计算表（二十）

C25 混凝土路面

定额编号：40099　　　　　　　单价编号：500109001006　　　　　　　定额单位：100m³

施工方法：混凝土路面浇筑

编号	名称及规格	单位	数量	单价/元	合计/元
一	直接工程费				37750.05
1	直接费				33856.55
1-1	人工费				1697.31
	工长	工时	10.9	7.11	77.50
	高级工	工时	18.1	6.61	119.64
	中级工	工时	188.5	5.62	1059.37
	初级工	工时	145	3.04	440.80
1-2	材料费				24709.20
	混凝土　C25	m³	103	234.97	24201.91
	水	m³	120	0.19	22.80
	其他材料费	%	2	24224.71	484.49
1-3	机械费				950.74
	振动器　1.1kW	台时	40.05	2.17	86.91
	风水枪	台时	26	29.9	777.4
	其他机械费	%	10	864.31	86.43
1-4	嵌套项				6499.30
	混凝土拌制	m³	103	54.46	5609.38
	混凝土运输	m³	103	8.64	889.92
2	其他直接费	%	2.5	33856.55	846.41
3	现场经费	%	9	33856.55	3047.09
二	间接费	%	9	37750.05	3397.50
三	企业利润	%	7	41147.56	2880.33
四	税金	%	3.22	44027.89	1417.70
五	其他				
六	合计				45445.59

表 1-45 水利建筑工程预算单价计算表（二十一）

C25 混凝土闸墩

定额编号：40067 　　　　　　单价编号：500109001007 　　　　　　定额单位：100m³

施工方法：混凝土闸墩浇筑

编号	名称及规格	单位	数量	单价/元	合计/元
一	直接工程费				36803.63
1	直接费				33007.38
1-1	人工费				1824.72
	工长	工时	11.7	7.11	83.19
	高级工	工时	15.5	6.61	102.46
	中级工	工时	209.7	5.62	1178.51
	初级工	工时	151.5	3.04	460.56
1-2	材料费				24699.51
	混凝土　C25	m³	103	234.97	24201.91
	水	m³	70	0.19	13.30
	其他材料费	%	2	24215.21	484.30
1-3	机械费				516.36
	振动器　1.5kW	台时	20	3.18	63.6
	风水枪	台时	10	29.9	299
	变频机组　8.5kV·A	台时	5.36	16.51	88.49
	其他机械费	%	18	362.6	65.27
1-4	嵌套项				5966.79
	混凝土拌制	m³	103	54.46	5609.38
	混凝土运输	m³	103	3.47	357.41
2	其他直接费	%	2.5	33007.38	825.18
3	现场经费	%	9	33007.38	2970.66
二	间接费	%	9	36803.23	3312.29
三	企业利润	%	7	40115.52	2808.09
四	税金	%	3.22	42923.61	1382.14
五	其他				
六	合计				44305.75

表 1-46　水利建筑工程预算单价计算表（二十二）

预制混凝土交通桥横梁

定额编号：40105　　　　　　　单价编号：500109001008　　　　　定额单位：100m³

施工方法：预制 C30 混凝土交通桥横梁

工作内容：模板制作、安装、拆除、混凝土拌制、场内运输、浇筑、养护、堆放

编号	名称及规格	单位	数量	单价/元	合计/元
一	直接工程费				57313.60
1	直接费				51402.33
1-1	人工费				7663.28
	工长	工时	61.8	7.11	439.40
	高级工	工时	201	6.61	1328.61
	中级工	工时	773	5.62	4344.26
	初级工	工时	510.2	3.04	1551.01
1-2	材料费				42805.79
	锯材	m³	0.4	2020	808.00
	专用钢模板	kg	122.4	6.5	795.60
	铁件	kg	40.9	5.5	224.95
	预埋铁件	kg	2735	5.5	15042.50
	电焊条	kg	9.59	6.5	62.34
	铁钉	kg	1.8	5.5	9.90
	混凝土　C30	m³	102	244.99	24988.98
	水	m³	180	0.19	34.20
	其他材料费	%	2	41966.47	839.32
1-3	机械费				933.26
	振动器　1.1kW	台时	44	2.17	95.48
	搅拌机　0.4m³	台时	18.36	23.83	437.52
	胶轮车	台时	92.8	0.9	83.52
	载重汽车　5t	台时	0.64	95.61	61.19
	电焊机 25kV·A	台时	10.96	12.21	133.82
	其他机械费	%	15	811.53	121.73
2	其他直接费	%	2.5	51402.33	1285.06
3	现场经费	%	9	51402.33	4626.21
二	间接费	%	9	57313.60	5158.22
三	企业利润	%	7	62471.82	4373.03
四	税金	%	3.22	66844.85	2152.40
五	其他				
六	合计				68997.25

表 1-47　水利建筑工程预算单价计算表（二十三）

预制混凝土交通桥横梁

定额编号：40233　　　　　　单价编号：500109001008　　　　　　定额单位：100m³

施工方法：简易龙门式起重机吊运预制混凝土构件

工作内容：装、平运 200m 以内、卸

编号	名称及规格	单位	数量	单价/元	合计/元
一	直接工程费				1827.55
1	直接费				1639.06
1-1	人工费				526.52
	高级工	工时	20.9	6.61	138.15
	中级工	工时	57.8	5.62	324.84
	初级工	工时	20.9	3.04	63.54
1-2	材料费				456.96
	锯材	m³	0.2	2020	404
	铁件	kg	8	5.5	44
	其他材料费	%	2	448	8.96
1-3	机械费				655.58
	龙门起重机简易 5t	台时	10.5	56.76	595.98
	其他机械费	%	10	595.98	59.60
2	其他直接费	%	2.5	1639.06	40.98
3	现场经费	%	9	1639.06	147.52
二	间接费	%	9	1827.55	164.48
三	企业利润	%	7	1992.03	139.44
四	税金	%	3.22	2131.47	68.63
五	其他				
六	合计				2200.10

表 1-48　水利建筑工程预算单价计算表（二十四）

预制混凝土交通桥面板

定额编号：40114　　　　　　单价编号：500109001009　　　　　　定额单位：100m³

施工方法：预制 C30 混凝土面板

工作内容：模板制作、安装、拆除，混凝土拌制、场内运输、浇筑、养护、堆放

编号	名称及规格	单位	数量	单价/元	合计/元
一	直接工程费				38764.10
1	直接费				34766.01
1-1	人工费				8109.40
	工长	工时	65.4	7.11	464.99
	高级工	工时	212.7	6.61	1405.95
	中级工	工时	818	5.62	4597.16
	初级工	工时	539.9	3.04	1641.30
1-2	材料费				25855.30
	专用钢模板	kg	75.67	6.5	491.86
	铁件	kg	13.25	5.5	72.88
	混凝土　C30	m³	102	244.99	24988.98
	水	m³	240	0.19	45.60
	其他材料费	%	1	25599.31	255.99
1-3	机械费				801.31
	搅拌机　0.4m³	台时	18.36	23.83	437.52
	胶轮车	台时	92.8	0.9	83.52
	载重汽车　5t	台时	1.04	95.61	99.43
	振动器 1.5kW	台时	24	3.18	76.32
	其他机械费	%	15	696.79	104.52
2	其他直接费	%	2.5	34766.01	869.15
3	现场经费	%	9	34766.01	3128.94
二	间接费	%	9	38764.01	3488.77
三	企业利润	%	7	42252.87	2957.70
四	税金	%	3.22	45210.57	1455.78
五	其他				
六	合计				46666.35

表 1-49 水利建筑工程预算单价计算表（二十五）

止水

定额编号：40260　　　　　　　单价编号：500109008001　　　　　　定额单位：100 延长米

施工方法：采用紫铜片进行止水

编号	名称及规格	单位	数量	单价/元	合计/元
一	直接工程费				56405.11
1	直接费				50587.54
1-1	人工费				2689.22
	工长	工时	25.5	7.11	181.31
	高级工	工时	178.7	6.61	1181.21
	中级工	工时	153.2	5.62	860.98
	初级工	工时	153.2	3.04	465.73
1-2	材料费				47725.81
	沥青	t	1.7	4220	7174
	木柴	t	0.57	400	228
	紫铜片厚 15mm	kg	561	71	39831
	铜电焊条	kg	3.12	6.5	20.28
	其他材料费	%	1	47253.28	472.53
1-3	机械费				172.51
	电焊机 25kV·A	台时	13.48	12.21	164.59
	胶轮车	台时	8.8	0.9	7.92
2	其他直接费	%	2.5	50587.54	1264.69
3	现场经费	%	9	50587.54	4552.88
二	间接费	%	9	56405.11	5076.46
三	企业利润	%	7	61481.57	4303.71
四	税金	%	3.22	65785.28	2118.29
五	其他				
六	合计				67903.57

表1-50 水利建筑工程预算单价计算表（二十六）

钢筋制作与安装

定额编号：40289 单价编号：500111001001 定额单位：t

适用范围：水工建筑物各部位及预制构件

工作内容：回直、除锈、切断、弯制、焊接、绑扎及加工厂至施工场地运输

编号	名称及规格	单位	数量	单价/元	合计/元
一	直接工程费				6352.51
1	直接费				5697.32
1-1	人工费				550.43
	工长	工时	10.3	7.11	73.23
	高级工	工时	28.8	6.61	190.37
	中级工	工时	36	5.62	202.32
	初级工	工时	27.8	3.04	84.51
1-2	材料费				4854.36
	钢筋	t	1.02	4644.48	4737.37
	铁丝	kg	4	5.5	22
	电焊条	kg	7.22	6.5	46.93
	其他材料费	%	1	4806.3	48.06
1-3	机械费				292.53
	钢筋调直机 14kW	台时	0.6	17.75	10.65
	风砂枪	台时	1.5	29.9	44.85
	钢筋切断机 20kW	台时	0.4	24.12	9.65
	钢筋弯曲机 $\phi 6 \sim \phi 40$	台时	1.05	14.29	15.00
	电焊机 25kV·A	台时	10	12.21	122.10
	对焊机 150型	台时	0.4	77.36	30.94
	载重汽车 5t	台时	0.45	95.61	43.02
	塔式起重机 10t	台时	0.1	105.64	10.56
	其他机械费	%	2	286.79	5.74
2	其他直接费	%	2.5	5697.32	142.43
3	现场经费	%	9	5697.32	512.76
二	间接费	%	9	6352.51	571.73
三	企业利润	%	7	6924.24	484.70
四	税金	%	3.22	7408.93	238.57
五	其他				
六	合计				7647.50

表 1-51 水利建筑工程预算单价计算表（二十七）

帷幕灌浆

定额编号：70014　　　　　　单价编号：500108002001　　　　　　定额单位：100m

适用范围：露天作业，一排帷幕，自下而上分段灌浆

工作内容：洗孔、压水、制浆、灌浆、封孔、孔位转移

编号	名称及规格	单位	数量	单价/元	合计/元
一	直接工程费				13118.18
1	直接费				11765.18
1-1	人工费				3045.22
	工长	工时	35	7.11	248.85
	高级工	工时	57	6.61	376.77
	中级工	工时	212	5.62	1191.44
	初级工	工时	404	3.04	1228.16
1-2	材料费				1513.32
	水泥 32#	t	3.5	349.38	1222.83
	水	kg	490	0.19	93.1
	其他材料费	%	15	1315.93	197.39
1-3	机械费				7206.64
	灌浆泵 中压泥浆	台时	128.8	33.86	4361.17
	灰浆搅拌机	台时	128.8	15.62	2011.86
	地质钻机 150 型	台时	12	39.52	474.24
	胶轮车	台时	18	0.9	16.2
	其他机械费	%	5	6863.46	343.17
2	其他直接费	%	2.5	11765.18	294.13
3	现场经费	%	9	11765.18	1058.87
二	间接费	%	9	13118.18	1180.64
三	企业利润	%	7	14298.81	1000.92
四	税金	%	3.22	15299.73	492.65
五	其他				
六	合计				15792.38

人工费汇总见表 1-52。

表 1-52　人工费汇总

项目名称	单位	工长	高级工	中级工	初级工
基本工资标准	元/月	550	500	400	270
地区工资系数		1	1	1	1
地区津贴标准	元/月	0	0	0	0
夜餐津贴比例	%	30	30	30	30
施工津贴标准	元/d	5.3	5.3	5.3	2.65
养老保险费率	%	20	20	20	10
住房公积金费率	%	5	5	5	2.5
工时单价	元/h	7.11	6.61	5.62	3.04

施工机械台时费汇总见表 1-53。

表 1-53　施工机械台时费汇总　　　　　　　　　单位：元

序号	名称及规格	台时费	折旧费	修理费	安拆费	人工费	动力燃料费
1	自卸汽车 8t	133.22	22.59	13.55	—	7.31	89.77
2	拖拉机 履带式 74kW	122.19	9.65	11.38	0.54	13.5	87.13
3	振动器 平板式 2.2kW	3.02	0.43	1.24			1.35
4	装载机轮胎式 2m³	237.03	32.15	24.2		7.31	173.37
5	蛙式夯实机 2.8kW	14.41	0.17	1.01		11.25	1.98
6	灰浆搅拌机	15.62	0.83	2.28	0.2	7.31	4.99
7	胶轮车	0.9	0.26	0.64	—	—	—
8	振捣器 插入式 1.1kW	2.17	0.32	1.22			0.63
9	混凝土泵 30m³/h	87.87	30.48	20.63	2.1	13.5	21.17
10	风（砂）水枪 6m³/min	29.9	0.24	0.42	—	0	29.24
11	混凝土搅拌机 0.4m³	23.83	3.29	5.34	1.07	7.31	6.82
12	钢筋切断机 20kW	24.12	1.18	1.71	0.28	7.31	13.63
13	载重汽车 5t	95.61	7.77	10.86		7.31	69.67
14	电焊机 交流 25kV·A	12.21	0.33	0.3	0.09		11.49
15	汽车起重机 5t	96.65	12.92	12.42		15.18	56.12
16	钢筋调直机 4～14kW	17.75	1.6	2.69	0.44	7.31	5.71
17	钢筋弯曲机 φ6～φ40	14.29	0.53	1.45	0.24	7.31	4.76

序号	名称及规格	台时费	折旧费	修理费	安拆费	人工费	动力燃料费
18	对焊机 电弧型 150kV·A	77.36	1.69	2.56	0.76	7.31	65.04
19	塔式起重机 10t	105.64	41.37	16.89	3.1	15.18	29.09
20	推土机 88kW	181.23	26.72	29.07	1.06	13.5	110.89
21	振捣器 1.5kW	3.18	0.51	1.8	—		0.87
22	变频机组 8.5kW	16.51	3.48	7.96			5.07
23	地质钻机 150 型	39.52	3.8	8.56	2.37	16.31	8.48
24	灌浆泵 中压泥浆	33.86	2.38	6.95	0.57	13.5	10.46
25	龙门式起重机 10t	54.74	20.42	5.96	0.99	13.5	13.87
26	风钻 手持式	28.03	0.54	1.89	—		25.6
27	塔式起重机 6t	66.62	24.94	9.17	2.29	13.5	16.73
28	混凝土吊罐 0.65m³	2.53	0.61	1.92	—		0
29	混凝土搅拌机 0.8m³	33.62	4.39	6.3	1.35	7.31	14.27

1.4 计算方法与方式汇总

在对该浆砌石重力坝进行造价算量时，首先要根据本案例中所给的数据计算出每一部分采用的材料的工程量（清单工程量计算和定额工程量计算），然后根据相应的定额计算出每种材料所需的费用。

1.4.1 工程量的计算方法

（1）清单工程量计算

清单工程量计算分项见表 1-54。

表 1-54 清单工程量计算分项

单位：m³

分项	序号	细部工程	计算方式	工程量计算总结
石方开挖	1	上层石方开挖	按照图示数据采用梯形公式计算	1. 坝基的基本剖面的开挖体积，如图 1-1、图 1-3 及图 1-4 所示。其中： （1）下底宽要考虑坝段两侧坝底垫层及齿墙的总厚度及两侧坡度（高程415.5m 与高程413.0m 之间的高度）； （2）该处石方开挖到底板处，开挖深度为 7m（高程 422.5m 与高程 414.5m之间），如图 1-4 和图 1-5 所示。 2. 溢流坝段消力池和两侧挡墙开挖体积（消力池开挖长度为 15.3m，见图 1-4），结合图 1-4 和图 1-5 计算。 3. 下层开挖体积为坝基的基本剖面的开挖体积和溢流坝段消力池和两侧挡墙开挖体积之和

分项	序号	细部工程	计算方式	工程量计算总结
石方开挖	2	下层石方开挖	按照图示数据采用梯形公式计算	1. 坝基的基本剖面的开挖体积，如图 1-1、图 1-3 及图 1-4 所示。其中： （1）下底宽要考虑坝段两侧坝底垫层和齿墙的总厚度及两侧坡度（高程 415.5m 与高程 414.5m 之间的高度）； （2）该处石方采用手风钻钻孔小药量爆破进行开挖，深度为 1m（高程 415.5m 与高程 414.5m 之间），如图 1-4 和图 1-5 所示。 2. 下部齿墙开挖体积（包括齿墙的基本剖面和开挖齿墙距上下游开挖线的距离），即宽度为开挖齿墙的高度，见图 1-4，结合图 1-4 和图 1-5 计算。 3. 下层开挖体积为坝基的基本剖面的开挖体积和下部齿墙的开挖体积之和
土石方回填	1	非溢流坝段	按照图示数据采用三角形公式计算	1. 上游基础开挖至上游坝坡面土方回填的体积（宽为 9.5m，高为 7.0m 与 2.5m 之和），结合图 1-3 计算。 2. 下游基础开挖至下游坝坡面土方回填的体积（宽为 14.75m，高位 7.0m），结合图 1-3 计算。 3. 下游基坑下部回填的三角形断面的面积，回填深度为 2.5m，结合图 1-3 计算。 4. 回填体积为以上三部分之和
	2	溢流坝段	按照图示数据采用梯形公式计算	1. 上游基础开挖至上游坝坡面土方回填的体积（宽为 9.5m，高为 7.0m 与 2.5m 之和），结合图 1-4 计算。 2. 下游基础开挖至下游坝坡面土方回填的体积（宽为 14.75m，高为 7.0m 与 2.5m 之和），结合图 1-4 计算。 3. 回填体积为以上两部分之和
砌筑工程	1	M12.5 浆砌 C25 混凝土预制块	按照图示数据采用梯形公式计算	1. 非溢流坝段 M12.5 浆砌 C25 混凝土预制块体积（厚度为 45cm），结合图 1-1 和图 1-3 计算。 2. 溢流坝段 M12.5 浆砌 C25 混凝土预制块体积（厚度为 45cm），结合图 1-1 和图 1-4 计算。 3. 总体积为以上两部分之和
	2	M10 浆砌 C25 混凝土预制块	按照图示数据采用矩形公式计算	非溢流坝段 M10 浆砌 C25 混凝土预制块体积（厚度为 45cm），结合图 1-1 和图 1-3 计算
	3	M12.5 浆砌毛石	按照图示数据采用梯形和矩形公式计算	1. 非溢流坝段 M12.5 浆砌毛石体积，结合图 1-3 计算。 2. 溢流坝段 M12.5 浆砌毛石体积，结合图 1-4 计算
	4	M10 浆砌块石挡墙	按照图示数据采用梯形和矩形公式计算	消力池两侧的挡墙，结合图 1-4 和图 1-5 计算
混凝土工程	1	C15 素混凝土底板	按照图示数据采用梯形和矩形公式计算	包括非溢流坝和溢流坝段两部分，结合图 1-3 和图 1-4 计算
	2	C20 混凝土防渗墙	按照图示数据采用矩形公式	包括非溢流坝和溢流坝段两部分，结合图 1-3 和图 1-4 计算
	3	C30 钢筋混凝土溢流面	按照图示数据采用矩形公式	溢流坝段下游坝面部分，结合图 1-4 计算
	4	C25 钢筋混凝土导流墙	按照图示数据采用矩形公式	溢流坝段下游坝面部分，结合图 1-4 计算
	5	C25 钢筋混凝土消力池池底	按照图示数据采用矩形和梯形公式计算	结合图 1-4 和图 1-5 计算

续表

分项	序号	细部工程	计算方式	工程量计算总结
混凝土工程	6	坝顶C25混凝土路面	按照图示数据采用矩形公式计算；	结合图1-3所示计算
	7	C25钢筋混凝土桥墩	按照图示数据采用和圆形矩形公式计算	结合图1-6所示计算
	8	C25钢筋混凝土桥梁	按照图示数据采用矩形公式计算	结合图1-7所示计算
	9	C25钢筋混凝土面板	按照图示数据采用矩形公式计算	结合图1-7所示计算
	10	钢筋加工及安装	按各部分工程量的5%计算，单位以吨计	1. 溢流面钢筋； 2. 导流墙钢筋； 3. 消力池钢筋； 4. 桥面钢筋； 结合图1-3、图1-4和图1-6、图1-7计算； 注：各部分的清单工程量的5%为钢筋的工程量
	11	止水		1. 上游坝面止水； 2. 下游坝面止水
基础处理工程	1	帷幕灌浆	按照图示采用矩形面积计算	1. 孔距取为2.0m，孔深25m； 2. 工程量为孔数×孔深×孔宽

（2）定额工程量计算

定额工程量计算分项见表1-55。

表1-55 定额工程量计算分项

单位：100m³

分项	序号	细部工程量计算	工程量计算总结
石方开挖	1	上层石方开挖	1. 一般工程量开挖同清单工程量（风钻钻孔）； 2. 2m³装载机装石渣汽车运输（运距1km）
	2	保护层石方开挖	1. 同清单工程量； 2. 2m³装载机装石渣汽车运输（运距1km）
土石方回填	1	石渣回填	1. 同清单工程量； 2. 2m³装载机装石渣汽车运输（运距1km） 3. 拖拉机压实
砌筑工程	1	M12.5浆砌C25混凝土块	同清单工程量
	2	M10浆砌C25混凝土块	同清单工程量
	3	M12.5浆砌毛石	同清单工程量
	4	M10浆砌块石挡墙	同清单工程量
混凝土工程	1	C15素混凝土底板	同清单工程量
	2	C20混凝土防渗墙	同清单工程量
	3	C30钢筋混凝土溢流面	同清单工程量
	4	C25钢筋混凝土导流墙	同清单工程量
	5	C25钢筋混凝土消力池池底	同清单工程量

分项	序号	细部工程量计算	工程量计算总结
混凝土工程	6	坝顶 C25 混凝土路面	同清单工程量
	7	C25 钢筋混凝土桥墩	同清单工程量
	8	C25 钢筋混凝土桥梁	同清单工程量
	9	C25 钢筋混凝土面板	同清单工程量
其他工程	1	止水	同清单工程量
	2	钢筋加工及安装	同清单工程量
	3	帷幕灌浆	同清单工程量

1.4.2　计算方式

各项分项工程首要就是计算工程量，对于工程量的计算，应该把握以下几种方式。

① 结合图纸的三视图和细部详图，按照梯形、三角形、矩形以及圆形的面积公式套用计算，然后根据所计算部分的长度（或者深度）去计算总体积。

② 要考虑到每一部分的体积，做到不漏不缺，不增不减。

③ 要区分每部分材料的采用，根据图示数据计算其体积。

④ 计算定额工程量时注意与清单工程量的区别，同时要结合相应定额进行计算。

⑤ 工程量确定后，根据各分部分项工程的要求，计算出工程量清单分析，查相应定额确定人、材、机的费用，从而用列表的方式计算出水利工程的预算报价。

第 2 章　某拦河闸造价计算

2.1　工程介绍

　　某地区拟在一条上底宽为 31.9m，下底宽为 21.6m 的河道上修建一座拦河闸，以提高上游的水位，并修建一交通桥来连接两岸的交通。该拦河闸的平面图和剖面如图 2-1、图 2-2 所示，该水闸由上游翼墙、闸室段、下游翼墙、消力池、海漫、防冲槽等组成。上游翼墙采用圆弧形翼墙，下游翼墙采用扭曲面式翼墙，上、下游翼墙均采用 C20 混凝土浇筑；闸室段共有 3 孔闸门，采用整体式底板，中墩厚为 1m，边墩厚为 0.8m，采用 C25 钢筋混凝土浇筑；消力池长 15m，深为 1m，其底板采用 C20 混凝土浇筑；海漫总长为 20m，前 8m 为浆砌石，后 12m 为干砌块石；防冲槽深为 2.0m，上游坡坡度为 1∶2，下游坡坡度为 1∶3；交通桥宽为 8.5m、工作桥宽为 4.0m、检修桥宽为 1.5m，交通桥、工作桥、检修桥以及排架均采用 C30 钢筋混凝土结构。闸门高为 6.0m、厚为 0.2m，每个质量为 20t，配套埋设件质量为 15t，闸门的启闭设备为卷扬式启闭机，启闭机自重为 10t，布置在工作桥上。该水闸的详细剖面图如图 2-3～图 2-12 所示，试编制该拦河闸预算价格。

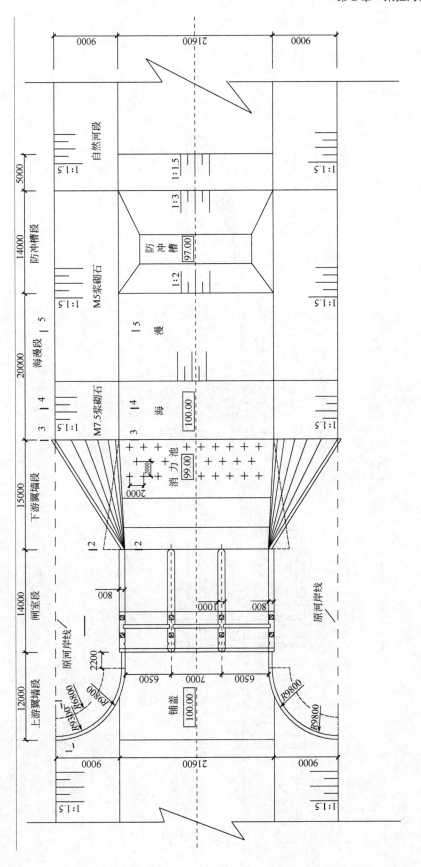

图 2-1 某水闸平面图

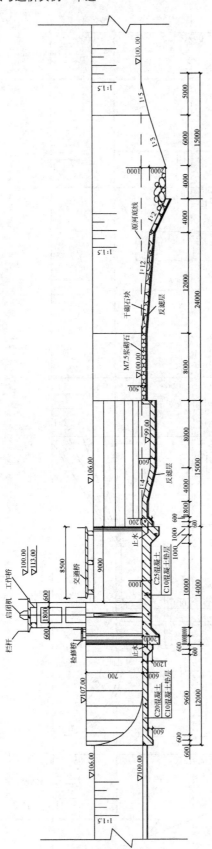

图 2-2　某水闸纵剖面图

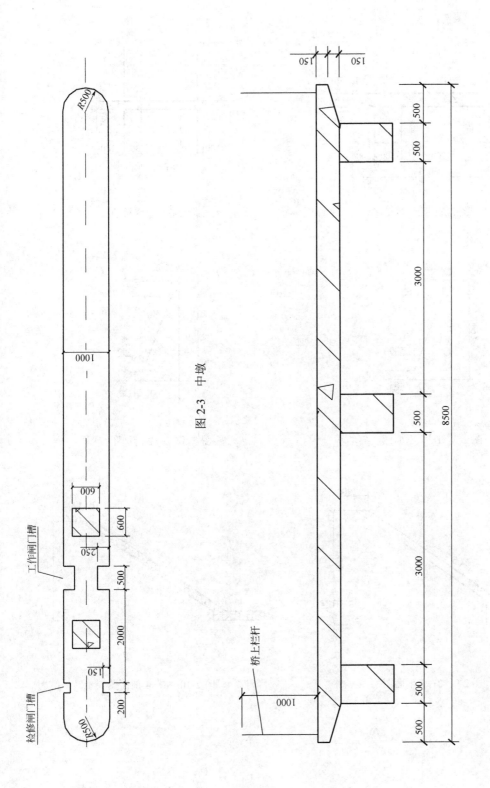

图 2-3　中墩

图 2-4　交通桥

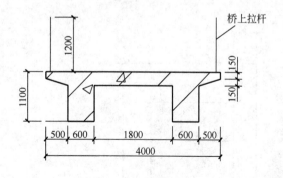

图 2-5　工作桥

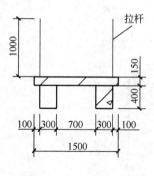

图 2-6　检修桥

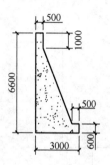

图 2-7　1—1 剖面图

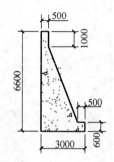

图 2-8　2—2 剖面图

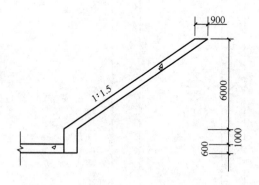

图 2-9　3—3 剖面图

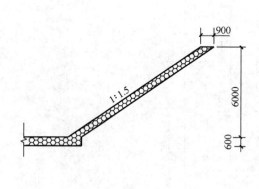

图 2-10　4—4 剖面图

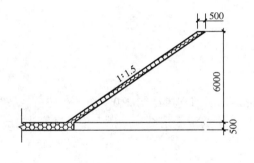

图 2-11　5—5 剖面图

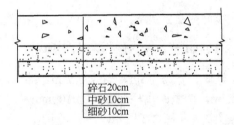

图 2-12　反滤层

2.2　图纸识读

2.2.1　平面图

根据图 2-1 拦河闸平面图所示：该拦河闸由上游翼墙、闸室段、下游翼墙、消力池、海漫、防冲槽等组成。拦河闸上游翼墙采用圆弧形翼墙，长为 12m，坡度为 1∶1.5，下游翼墙采用扭曲面式翼墙，长为 15m，坡度为 1∶1.5，上下游翼墙均采用 C20 混凝土浇筑；闸室段长为 14m，坡度为 1∶1.5，共有 3 孔闸门，中墩厚为 1m，边墩厚为 0.8m，消力池长 15m，深为 1m，海漫总长为 20m，防冲槽深为 2.0m，上游坡坡度为 1∶2，下游坡坡度为 1∶3；该水闸宽为 39.6m。中墩与边墩间距为 6.5m，中墩与中墩间距为 7m。上游设置有铺盖，铺盖长为 12m，与闸室段相接。消力池底板设置有 3 排排水孔，其间距为 2m，对照图 2-2～图 2-6计算。

2.2.2　立面图

根据图 2-2 拦河闸剖面图所示：该拦河闸由上游翼墙、闸室段、下游翼墙、消力池、海漫、防冲槽等组成。拦河闸上游翼墙长为 12m，下游翼墙长为 15m，上下游翼墙均采用 C20混凝土浇筑。上游设置有铺盖，铺盖长为 12m、厚 600mm，与闸室段相接，铺盖底板铺设厚 600mm 的 C20 的混凝土和 100mm 的 C10 的混凝土垫层，铺盖底板与闸室底板连接处设置止水。闸室段长为 14m，采用整体式底板，闸室底板铺设厚 1000mm 的 C20 的混凝土和 100mm 的 C10 的混凝土垫层，闸室顶部设置分别为检修桥、工作桥、交通桥及排架。闸室顶部高程为 107m，闸室底板高程为 100m，闸门高为 6.0m，厚为 0.2m，每个质量为20t，配套埋设件质量为 15t，闸门的启闭设备为卷扬式启闭机，启闭机自重为 10t，布置在工作桥上。消力池长 15m，深为 1m，其底板采用 C20 混凝土浇筑。防冲槽深为 2.0m，消力池长 15m、深为 1m，底部铺设两层的反滤层。下游翼墙的高程为 106m，海漫总长为 20m，前 8m 为厚 600mm 浆砌石，后 12m 为厚 600mm 干砌块石，底部铺设两层的反滤层，坡度为 1∶12。防冲槽上侧坡度为 1∶2，且铺设厚 600mm 的干砌块石，底部铺设两层厚 100mm 的反滤层，下侧坡度为 1∶3，防冲槽深为 2.0m，槽内填充卵石。对照图 2-1 和图 2-4～图 2-6 计算。

2.2.3 剖面图

根据图 2-2～图 2-12 拦河闸剖面图可知。

（1）如图 2-6 检修桥剖面图所示

检修桥宽为 1.5m、高为 0.55m，路面厚 150mm，下部支撑结构高 0.4m、宽 0.3m、跨度为 0.7m，两侧距离桥边缘均为 100mm，且采用 C30 钢筋混凝土结构，桥上栏杆高度为 1m。对照图 2-1 和图 2-2 所示。

（2）如图 2-4 交通桥剖面图所示

交通桥宽为 8.5m、高为 1m，桥面底板厚度为 300mm，下部支撑结构高为 0.7m、宽为 0.5m，中间跨度为 3m，两侧距离桥边缘均为 500mm，采用 C30 钢筋混凝土结构，桥上栏杆为 1m。

（3）如图 2-5 工作桥剖面图所示

工作桥宽为 4.0m、高为 1.1m，路面厚 300mm，下部支撑结构高为 0.8m、宽为 0.6m，中间跨度为 1.8m，两侧距离桥边缘均为 500mm，采用 C30 钢筋混凝土结构，桥上栏杆为 1.2m。

（4）如 2-3 中墩剖面图所示

闸墩长 14m、宽 1m、高 7m。检修门槽为 200mm×150mm，工作门槽为 500mm×250mm，检修门槽与工作门槽间距为 2m。

（5）如图 2-7 和图 2-8 所示

由 1—1 剖面图可知该圆弧式翼墙底部宽为 3m、高为 6.6m，上部宽为 0.5m，上侧为直立式，下侧在距顶部 1m 处的坡度为 1∶4，底部直线段长 500mm、厚为 600mm。由 2—2 剖面图可知，该圆弧式翼墙底部宽为 3m，高为 6.6m，上部宽为 0.5m，上侧为直立式，下侧在距顶部 1m 处的坡度为 1∶4，底部直线段长 500mm，厚为 600mm，墙内采用 C20 的混凝土。

（6）如图 2-9～图 2-11 所示

由 3—3 剖面图可知下游翼墙的下游高为 7.6m，上部宽为 900mm，底板厚度为 600mm，翼墙底部直线段高为 1m，坡度为 1∶1.5。由 4—4 剖面图可知海漫段上游的高为 6.6m，上部宽为 900mm，底板厚度为 600mm，坡度为 1∶1.5。由 5—5 剖面图可知海漫段下游的高为 6.5m，上部宽为 500mm，底板厚度为 500mm，坡度为 1∶1.5，采用干砌石。

（7）如图 2-12 反滤层所示

反滤层自下而上为 10cm 细砂，10cm 中砂和 20cm 碎石。

2.3 工程量计算

2.3.1 清单工程量

清单工程量计算规则：由于工程处于施工图设计阶段，则清单工程量为施工图纸计算所得工程量乘以系数 1.0，计算过程见表 2-1。

表2-1　拦河闸工程清单工程量计算过程表

工程名称：拦河闸工程

序号	项目编码	项目名称	工程项目	项目特征描述	计算单位	工程量	计算过程	对应注释	备注
						土方工程			
1	500101002001	渠道土方开挖	铺盖开挖	C10混凝土垫层厚0.1m; 混凝土铺盖厚0.6m	m³	2376.43	[(0.6+0.1)×12+1/2×(0.6+1.2)×0.6×2]×21.6×1.0 =204.77(m³)	0.6—混凝土铺盖的厚度; 0.1—C10混凝土垫层的厚度; 12—混凝土铺盖的长度; 0.6—铺盖齿墙的下底宽; 1.2—铺盖齿墙的上底宽; 0.6—铺盖齿墙的高; 2—铺盖上下游齿墙的个数; 21.6—铺盖横向宽度	
			闸底板开挖	C10混凝土垫层厚0.1m; 闸底板厚1.0m	m³		[(1.0+0.1)×14+1/2×(1.0+2.0)×1.0×2]×21.6×1.0 =397.44(m³)	1.0—闸底板的厚度; 0.1—C10混凝土垫层的厚度; 14—闸底板的总长; 1.0—闸底齿墙的下底宽; 2.0—闸底齿墙的上底宽; 1.0—闸底齿墙的高; 2—闸底板上下游齿墙的个数; 21.6—闸底板横向宽度	
			消力池开挖	消力池混凝土厚0.6m; 反滤层厚0.4m	m³		[(0.6+0.4)×15+1/2×(0.6+1.2)×0.6+1/2×(8.0+12.0)×1.0]×21.6×1.0=551.66(m³)	0.6—消力池混凝土的厚度; 0.4—消力池反滤层的厚度; 15—消力池的总长; 0.6—消力池齿墙的下底宽; 1.2—消力池齿墙的上底宽; 0.6—消力池齿墙的高; 8.0—消力池倾斜段的上底宽; 12.0—消力池倾斜段的下底宽; 1.0—消力池上部的开挖深度; 21.6—铺盖横向宽度	
			海漫开挖	海漫衬砌厚0.5m; 衬砌反滤层厚0.4m	m³		[(0.5+0.4)×(8+12)+1/2×12×12×0.5]×21.6×1.0=453.60(m³)	0.5—海漫衬砌的厚度; 0.4—海漫衬砌反滤层的厚度; 8—海漫水平段的长度; 12—海漫倾斜段的长度; 1.0—海漫上部的开挖深度; 1/2×12×12×0.5—海漫上部开挖的面积; 21.6—铺盖横向宽度	

续表

序号	项目编码	项目名称	工程项目	项目特征描述	计算单位	工程量	计算过程	对应注释	备注
1	500101002001	渠道土方开挖	防冲槽开挖	防冲槽衬砌厚0.5m 衬砌反滤层厚0.4m	m³	2376.43	[(0.5+0.4)×4+1/2×(4+14)×2.0 +14×1.0]×21.6×1.0 =768.96(m³)	0.5—防冲槽上游坡衬砌的厚度; 0.4—防冲槽衬砌反滤层的厚度; 4—防冲槽的下底宽; 14—防冲槽的上底宽; 2.0—防冲槽的开挖深度; 1.0—防冲槽上部的开挖深度; 14×1.0—防冲槽上部的开挖面积; 21.6—铺盖横向宽度	
			总计		m³		204.77+397.44+551.66+ 453.60+768.96=2376.43(m³)		
2	500103001002	土方回填	上游翼墙回填	上游圆弧形翼墙外侧半径9.3m; 上游圆弧形翼墙底部半径6.8m	m³		[3.14×1/2×(9.3+6.8)×7+1/2× (1.0+7)×9.2×2.2]×2×1.0 =512.28(m³)	9.3—上游圆弧形翼墙外侧半径; 6.8—上游圆弧形翼墙底部半径; 7—上游翼墙的高度; 1.0—两岸坡顶与上游翼墙的高差; 9—上游翼墙顶距上游直线段岸顶的水平距离; 2.2—上游翼墙的直线段的长度; 2—两侧翼墙	
			下游翼墙回填		m³	3252.78	(9×15×7-1/6×1/2×9×15×7) ×2×1.0=1732.5(m³)	9—下游扭曲面面翼墙回填土的宽度; 15—下游扭曲面面翼墙回填土的长度; 7—下游扭曲面面翼墙的高度; 9—下游扭曲面面翼墙的宽度; 15—下游扭曲面面翼墙的长度; 7—下游扭曲面面翼墙的高度; 1/6×1/2×9×15×7—下游扭曲面面翼墙的上部体积; 2—两侧翼墙	
			边墩外侧回填		m³		(1/2×9×6×14+9×14×1)×2×1.0 =1008(m³)	9—岸坡曲面的水平长度; 6—岸坡的高度; 14—闸室段的长度; 9×14—岸坡顶高程以下回填棱柱体的体积; 1—两岸翼墙顶与上游翼墙以上回填高差; 9×14×1—岸坡顶高程以上回填棱柱体的体积; 2—河岸两侧	

续表

序号	项目编码	项目名称	工程项目	项目特征描述	计算单位	工程量	计算过程	对应注释	备注
2	500103001002	土方回填		总计	m³		512.28+1732.5+1008 =3252.78(m³)		
					石方填筑				
4	500105003001	M7.5浆砌石海漫	M7.5浆砌石海漫	M7.5浆砌石 厚0.5m	m³	86.40	0.5×8×21.6×1.0 =86.4(m³)	0.5—海漫浆砌石的厚度; 8—海漫浆砌石的长度; 21.6—海漫浆砌石的宽度	
5	500105003002	M7.5浆砌石护坡	M7.5浆砌石护坡	M7.5浆砌石 厚0.5m	m³	86.53	$0.5×\sqrt{1^2+1.5^2}×6.0×8×2×1.0$ =86.53(m³)	0.5—浆砌石护坡的厚度; 1.5—护坡的坡度; 6.0—护坡的高度; $\sqrt{1^2+1.5^2}×6.0$—河道两岸斜坡的长度; 8—M7.5浆砌石护坡的长度; 2—河道两侧护坡	
6	500105003003	M5浆砌石护坡	M5浆砌石护坡	M5浆砌石 厚0.3m	m³	168.74	$0.3×\sqrt{1^2+1.5^2}×6.0×26×2×1.0$=168.74(m³)	0.3—浆砌石护坡的厚度; 1.5—护坡的坡度; 6.0—护坡的高度; $\sqrt{1^2+1.5^2}×6.0$—河道两侧坡的长度; 26—M5浆砌石护坡的长度; 2—河道两侧护坡	
7	500105001004	干砌块石海漫	干砌块石海漫	干砌块石 厚0.3m	m³	107.00	$0.3×(\sqrt{12^2+1^2}+\sqrt{4^2+2^2})×$ $21.6×1.0=107(m^3)$	0.3—干砌块石的厚度; 12—海漫斜坡段的水平长度; 1—海漫斜坡段的垂直长度; $\sqrt{12^2+1^2}$—海漫斜坡段的长度; 4—防冲槽上游斜坡段的水平长度; 2—防冲槽上游斜坡段的垂直长度; $\sqrt{4^2+2^2}$—防冲槽上游斜坡段的长度; 21.6—河道两槽的宽度	
8	500103005005	反滤层碎石	碎石	碎石 厚0.3m	m³	19.81	$[(3+\sqrt{4^2+2^2}+8)+(8+$ $\sqrt{12^2+1^2}+\sqrt{4^2+2^2})]×0.3$ $×1.0=11.89(m^3)$	3—消力池水平段的长度; 4—消力池倾斜段的水平长度; 1—消力池倾斜段的垂直长度	

续表

序号	项目编码	项目名称	工程项目	项目特征描述	计算单位	工程量	计算过程	对应注释	备注
8	500103005005	反滤层	碎石	碎石 厚0.3m	m^3	19.81	$[(3+\sqrt{4^2+1^2}+8)+(8+\sqrt{12^2+1^2}+\sqrt{4^2+2^2})]\times0.3\times1.0=11.89(m^3)$	$\sqrt{4^2+1^2}$ ——消力池倾斜段的长度； 8 ——消力池池底的长度； 8 ——海漫水平段反滤层的水平长度； 12 ——海漫斜坡段反滤层的水平长度； 1 ——海漫斜坡段反滤层的垂直长度； $\sqrt{12^2+1^2}$ ——海漫斜坡段反滤层的长度； 4 ——防冲槽上游斜坡反滤层的水平长度； 2 ——防冲槽上游斜坡反滤层的垂直长度； 0.3 ——碎石的厚度	
			中砂	中砂 厚0.1m	m^3		$[(3+\sqrt{4^2+1^2}+8)+(8+\sqrt{12^2+1^2}+\sqrt{4^2+2^2})]\times0.1\times1.0=3.96(m^3)$	0.1 ——中砂的厚度	
			细砂	细砂 厚0.1m	m^3		$[(3+\sqrt{4^2+1^2}+8)+(8+\sqrt{12^2+1^2}+\sqrt{4^2+2^2})]\times0.1\times1.0=3.96(m^3)$	0.1 ——细砂的厚度	
混凝土工程									
9	500109001001	C10混凝土垫层	C10混凝土垫层	C10混凝土 厚0.1m	m^3	59.02	$[(0.6\times2+0.6\times\sqrt{1^2+1^2}\times2+9.6)+(1.0\times2+1.0\times\sqrt{1^2+1^2}\times2+10)]\times0.1\times21.6\times1.0=59.02(m^3)$	0.6 ——混凝土铺盖齿墙下底长； 2 ——混凝土铺盖齿墙个数； 0.6 ——混凝土铺盖齿墙高； $0.6\times\sqrt{1^2+1^2}$ ——齿墙的水平长度； 9.6 ——闸底同垫齿墙下底长； 1.0 ——混凝土铺盖齿墙的斜边长； 2 ——混凝土铺盖齿墙个数； $1.0\times\sqrt{1^2+1^2}$ ——混凝土铺盖齿墙的斜长； 10 ——闸底板垫齿墙同垫层的斜长； 0.1 ——混凝土垫层； 21.6 ——垫层的横向宽度	
10	500109001002	C20混凝土铺盖	C20混凝土铺盖	C20混凝土 厚0.6m	m^3	178.85	$[0.6\times12+1/2\times(0.6+1.2)\times0.6\times2]\times21.6\times1.0=178.85(m^3)$	0.6 ——混凝土铺盖的厚度； 12 ——混凝土铺盖的长度； 0.6 ——混凝土铺盖齿墙下底长；	

序号	项目编码	项目名称	工程项目	项目特征描述	计算单位	工程量	计算过程	对应注释	备注
10	500109001002	C20混凝土铺盖	C20混凝土铺盖	C20混凝土厚0.6m	m³	178.85	$[0.6×12+1/2×(0.6+1.2)×0.6×2]$ $×21.6×1.0$ $=178.85(m^3)$	1.2——混凝土铺盖齿墙上底长; 0.6——混凝土铺盖齿墙的高; 2——混凝土铺盖齿墙个数; 21.6——铺盖的横向宽度	
11	500109001003	C20混凝土上游翼墙	C20混凝土上游翼墙	C20混凝土厚0.5m	m³	337.00	$[0.5×1.0+1/2×(0.5+2.5)×5+0.6$ $×3]×[1/2×3.14×1/2×(9.8+9.3)$ $+2.2]×2×1.0$ $=9.8×17.19×2$ $=337.00(m^3)$	0.5——上游翼墙顶端矩形断面的厚度; 1.0——上游翼墙顶端矩形断面的高度; 0.5——上游翼墙中间梯形断面的上底长; 2.5——上游翼墙中间梯形断面的下底长; 5——上游翼墙中间梯形断面的高; 0.6——上游翼墙下部矩形断面的高; 3——上游翼墙下部矩形断面的长; 9.8——上游翼墙的外半径; 9.3——上游翼墙的内半径; $1/2×3.14×1/2×(9.8+9.3)$——上游翼墙圆弧段的长度; 2.2——上游翼墙直线段的长度; 2——河岸两侧翼墙	
12	500109001004	C20混凝土下游翼墙	C20混凝土下游翼墙	C20混凝土顶端矩形断面厚0.5m; 底部矩形断面厚0.9m	m³	275.75	1. 下游翼墙起始断面断面面积: $0.5×1.0+1/2×(0.5+2.5)×5+0.6$ $×3=9.8(m^2)$ 2. 下游翼墙末端断面面积: $0.9×(0.6+1.0)+\sqrt{6^2+(6×1.5)^2}$ $×0.6=7.93(m^2)$	1. 下游翼墙起始断面面积 0.5——下游翼墙顶端矩形断面的厚度; 1.0——下游翼墙顶端矩形断面的高度; 0.5——下游翼墙中间梯形断面的上底长; 2.5——下游翼墙中间梯形断面的下底长; 5——下游翼墙中间梯形断面的高; 0.6——下游翼墙下部矩形断面的高; 3——下游翼墙下部矩形断面的长; 2. 下游翼墙末端断面面积 0.9——下游翼墙底部矩形断面的厚度; 0.6——消力池混凝土的深度; 1.0——下游翼墙末端的高度; 6——消力池的坡度; 1.5——下游翼墙末端斜坡段的高度; $\sqrt{6^2+(6×1.5)^2}$——下游翼墙末端斜坡段的长度; 0.6——下游翼墙末端的厚度	

续表

序号	项目编码	项目名称	工程项目	项目特征描述	计算单位	工程量	计算过程	对应注释	备注
12	500109001004	C20混凝土下游翼墙	C20混凝土下游翼墙	C20混凝土顶端矩形断面厚0.5m;底部矩形断面厚0.9m	m³	275.75	3. C20混凝土下游翼墙工程量: $1/2×(9.8+7.93)×15×2×1.0$ $=265.95(m^3)$	3. C20混凝土下游翼墙工程量 $1/2×(9.8+7.93)×15×$各断面的平均面积; 15——下游翼墙的长度; 2——河岸两侧翼墙	
13	500109001005	C20混凝土消力池	C20混凝土消力池	C20混凝土厚0.6m	m³	338.32	$[3+\sqrt{4^2+1^2}+8+1/2×(0.6+1.2)×0.6]×21.6×1.0$ $=338.32(m^3)$	3——消力池水平段的长度; 4——消力池倾斜段的水平长度; 1——消力池倾斜段的垂直长度; $\sqrt{4^2+1^2}$——消力池倾斜段的长度; 8——消力池池底下底边; 0.6——消力池齿墙下底宽; 1.2——消力池齿墙上底宽; 0.6——消力齿墙的高; 21.6——消力池的宽度	
14	500109001006	C25混凝土闸底板	C25混凝土闸底板	C25混凝土厚1.0m	m³	367.20	$[1.0×14+1/2×(1.0+2.0)×1.0×2]$ $×21.6×1.0=367.20(m^3)$	1.0——闸底板的厚度; 14——闸底板的长度; 1.0——闸底板的下底边; 2.0——闸底板的上底边; 1.0——闸底板齿墙的高; 2——闸底板齿墙的个数; 21.6——闸底板的宽度	
15	500109001007	C25混凝土闸墩	C25混凝土闸墩	C25混凝土	m³	669.64	1. 闸底板 $[1.0×14+1/2×(1.0+2.0)×1.0×2]$ $×21.6×1.0=367.20(m^3)$ 2. 闸墩 $(0.8×5×1.0×4+1/2×3.14×0.5×$ $0.5-0.5×0.25-0.2×0.15)×7×2+$ $(0.8×9×1.0×8+1/2×3.14×0.5×$ $0.5)×6×2=115.325+187.11=$ $302.44(m^3)$ 3. 闸墩总工程量 $367.20+302.44=669.64(m^3)$	1. 闸底板 1.0——闸底板的厚度; 14——闸底板的长度; 1.0——闸底板的下底边; 2.0——闸底板的上底边; 1.0——闸底板齿墙的高; 2——闸底板齿墙的个数; 21.6——闸底板的宽度 2. 闸墩 0.8——边墩的厚度; 5——闸门段的长度; 1.0——中墩的厚度; 4——中墩闸门段直线的长度;	

续表

序号	项目编码	项目名称	工程项目	项目特征描述	计算单位	工程量	计算过程	对应注释	备注
15	500109001007	C25 混凝土 闸墩	C25 混凝土 闸墩	C25 混凝土	m³	669.64	1. 闸底版 [1.0×14+1/2×(1.0+2.0)×1.0×2]×21.6×1.0=367.20(m³) 2. 闸墩 (0.8×5+1.0×4+1/2×3.14×0.5×0.5-0.5×0.25-0.2×0.15)×7×2+(0.8×9+1.0×8+1/2×3.14×0.5×0.5)×6×2=115.325+187.11=302.44(m³) 3. 闸墩总工程量 367.20+302.44=669.64(m³)	1/2×3.14×0.5×0.5——中墩上游墩头圆形面积； 0.5——中墩上游墩头半圆弧半径； 0.5——工作闸门槽宽； 0.25——工作闸门槽深； 0.2——检修闸门槽宽； 0.15——检修闸门槽深； 7——闸门段闸墩的高度； 2——中墩和边墩各两个； 0.8——边墩的厚度； 9——交通段的长度； 1.0——中墩的厚度； 8——中墩交通段直线的长度； 0.5——中墩下游墩头半圆弧半径； 6——交通段闸墩的高度	
16	500109001008	C30 混凝土 排架	C30 混凝土 排架	C30 混凝土	m³	21.60	(0.6×0.6×6×2+0.6×0.5×1.8×2)×4×1.0=21.6(m³)	0.6——排架立柱的边长； 6——排架的高度； 2——每个排架的立柱个数； 0.6——排架横梁的宽度； 0.5——排架横梁的高； 1.8——每个排架横梁的长度； 2——每个排架横梁的个数； 4——排架的个数	
17	500109001009	C30 混凝土 工作桥	C30 混凝土 工作桥	C30 混凝土	m³	45.04	[0.6×0.8×2+0.3×3+1/2×(0.15+0.3)×0.5×2]×21.6×1.0=45.04(m³)	0.6——工作支撑梁宽； 0.8——工作支撑梁高； 2——工作支撑梁的个数； 0.3——工作桥面的厚度； 3——工作桥面的个数； 0.15——工作外伸部分上底宽； 0.3——工作外伸部分下底宽； 0.5——工作桥外侧部分的高； 2——工作桥两侧都有外伸； 21.6——交通桥的长度	

续表

序号	项目编码	项目名称	工程项目	项目特征描述	计算单位	工程量	计算过程	对应注释	备注
18	500109001010	混凝土交通桥横梁	混凝土交通桥横梁	C30混凝土	m³	22.68	0.5×0.7×3×21.6×1.0 =22.68(m³)	0.5——交通桥支撑梁宽; 0.7——交通桥支撑梁高; 3——交通桥支撑梁的个数; 21.6——交通桥的长度	
19	500109001011	混凝土交通桥面板	混凝土交通桥面板	C30混凝土	m³	53.46	[0.3×7.5+1/2×(0.15+0.3)×0.5 ×2]×21.6×1.0=53.46(m³)	0.3——交通桥桥面的厚度; 7.5——交通桥桥面的宽度; 0.15——交通桥外伸部分上底宽; 0.3——交通桥外伸部分下底宽; 0.5——交通桥外伸部分的高; 2——交通桥两侧都有外伸; 21.6——交通桥的长度	
20	500109001012	C30混凝土检修桥	C30混凝土检修桥	C30混凝土	m³	10.04	(0.3×0.4×2+1.5×0.15)×21.6× 1.0=10.04(m³)	0.3——检修桥支撑梁宽; 0.4——检修桥支撑梁高; 2——检修桥支撑梁的个数; 0.15——检修桥桥面的厚度; 1.5——检修桥桥面的长度; 21.6——检修桥的长度	
21	500109008013	止水	铅直止水	紫铜片	m	71.40	(7+0.6)×4×1.0=30.4(m)	7——闸墩高; 0.6——止水片深入底板的深度; 7+0.6——单个铅直止水的长度; 4——铅直止水的个数	
			水平止水	紫铜片	m		(20+0.25×2)×2×1.0=41.0(m)	20——闸底板除去边墩后的净宽; 0.25——止水片深入每侧混凝土的深度; 2——向两侧混凝土延伸; 2——水平止水的个数	
		总计			m		30.4+41.0=71.4(m)		

续表

序号	项目编码	工程项目	项目名称	项目特征描述	计算单位	工程量	计算过程	对应注释	备注
						钢筋加工及安装工程			
22	500111001001	钢筋	钢筋加工及安装	t		49.49	混凝土铺盖所需钢筋清单工程量：178.85×3%=5.36(t) 混凝土消力池所需钢筋清单工程量：338.32×3%=10.15(t) 混凝土闸底板所需钢筋清单工程量：367.20×3%=11.02(t) 混凝土闸墩所需钢筋清单工程量：302.44×5%=15.12(t) 混凝土排架、桥梁所需钢筋清单工程量：178.85×3%+338.32×3%+367.20×3%+302.44×5%(21.6+45.04+76.14+10.04)×5%=7.64(t) 清单工程量：5.36+10.15+11.02+15.12+7.84=49.49(t)	178.85——混凝土铺盖清单工程量； 3%——混凝土铺盖含钢量； 338.32——混凝土消力池清单工程量； 3%——混凝土消力池含钢量； 367.20——混凝土闸底板清单工程量； 3%——混凝土闸底板含钢量； 302.44——混凝土闸墩清单工程量； 5%——混凝土闸墩含钢量； 21.6——混凝土排架清单工程量； 45.04——混凝土交通桥清单工程量； 76.14——混凝土交通桥清单工程量； 10.04——混凝土检修桥清单工程量； 5%——混凝土排架、桥梁含钢量	
						闸门设备及安装工程			
23	500202005001	闸门设备安装	闸门设备安装	t		60.00	20×3=60(t)		
24	500202007001	预埋件安装	预埋件安装	t		15.00			
						启闭设备及安装工程			
25	500202003001	卷扬式启闭机设备安装	卷扬式启闭机设备安装	台		3.00			

该引水闸建筑及安装工程工程量清单计算见表 2-2。

表 2-2　工程量清单计算表

序号	项目编码	项目名称	计量单位	工程量	主要技术条款编码	备注
1		建筑工程				
1.1		土方工程				
1.1.1	500101002001	渠道土方开挖	m³	2376.43		
1.1.2	500103001002	土方回填	m³	3252.78		
1.2		石方填筑				
1.2.1	500105003001	M7.5 浆砌石海漫	m³	86.40		
1.2.2	500105003002	M7.5 浆砌石护坡	m³	86.53		
1.2.3	500105003003	M5 浆砌石护坡	m³	168.74		
1.2.4	500105001004	干砌块石海漫	m³	107.00		
1.2.5	500103005005	反滤层	m³	19.81		
1.3		混凝土工程				
1.3.1	500109001001	C10 混凝土垫层	m³	59.02		
1.3.2	500109001002	C20 混凝上铺盖	m³	178.85		
1.3.3	500109001003	C20 混凝土上游翼墙	m³	337.00		
1.3.4	500109001004	C20 混凝土下游翼墙	m³	275.75		
1.3.5	500109001005	C20 混凝土消力池	m³	338.32		
1.3.6	500109001006	C25 混凝土闸底板	m³	367.20		
1.3.7	500109001007	C25 混凝土闸墩	m³	302.44		
1.3.8	500109001008	C30 混凝土排架	m³	21.60		
1.3.9	500109001009	C30 混凝土工作桥	m³	45.04		
1.3.10	500109001010	混凝土交通桥横梁	m³	22.68		
1.3.11	500109001011	混凝土交通桥面板	m³	53.46		
1.3.12	500109001012	C30 混凝土检修桥	m³	10.04		
1.3.13	500109008013	止水	m	71.40		
1.4		钢筋加工及安装工程				
1.4.1	500111001001	钢筋加工及安装	t	49.49		
2.1		闸门设备及安装工程		60.00		
2.1.1	500202005001	闸门设备安装	t	60.00		
2.1.2	500202007001	预埋件安装	t	15.00		
2.2		启闭设备及安装				
2.2.1	500202003001	卷扬式启闭机设备安装	台	3		

2.3.2 定额工程量

定额工程量计算过程见表 2-3。定额工程量套用《水利建筑工程预算定额》。

工程名称：拦河闸工程

表 2-3　拦河闸工程定额工程量计算过程

序号	项目名称	定额编号	分项工程名称	计算单位	工程量	计算过程	对应注释	备注
1	渠道土方开挖	10366	1m³挖掘机挖装土，自卸汽车运输	100m³	23.76	土方工程 204.77+397.44+551.66+453.60+768.96m³=2376.43(m³)=23.76(100m³)	204.77——铺盖开挖工程量； 397.44——闸底板开挖工程量； 551.66——消力池开挖工程量； 453.60——海漫开挖工程量； 768.96——防冲槽开挖工程量	
2	土方回填	10310	2.75m³铲运机铲运土，平均铲运距离200m	100m³	32.53	$[3.14×1/2×(9.3+6.8)×7+1/2×(1.0+7)×9×2.2]×2+(9×15×7-1/6×1/2×9×15×7)×2+(1/2×9×6×14+9×14×1)×2=512.28+1732.5+1008=3252.78(m^3)$ $=32.53(100m^3)$	512.28——上游翼墙回填工程量； 866.25——下游翼墙回填工程量； 1008——边墩外侧回填工程量	
3	建筑物回填土方	10465		100m³	32.53	$[3.14×1/2×(9.3+6.8)×7+1/2×(1.0+7)×9×2.2]×2+(9×15×7-1/6×1/2×9×15×7)×2+(1/2×9×6×14+9×14×1)×2=512.28+1732.5+1008=3252.78(m^3)$ $=32.53(100m^3)$		
4	M7.5浆砌石海漫	60445	人工装车自卸汽车运块石，运距5km，自卸汽车采用8t	100m³	0.86	石方砌筑 $0.5×8×21.6=86.4(m^3)=0.86(100m^3)$	0.5——海漫浆砌石的厚度； 8——海漫浆砌石的长度； 21.6——海漫浆砌石的宽度	
5		30019	浆砌块石	100m³	0.86	$0.5×8×21.6=86.4(m^3)=0.86(100m^3)$		
6	M7.5浆砌石护坡	60445	人工装车自卸汽车运块石，运距5km，自卸汽车采用8t	100m³	0.87	$0.5×\sqrt{1^2+1.5^2}×6.0×8×2=86.53(m^3)=0.87(100m^3)$	0.5——浆砌石护坡的厚度； 1.5——护坡的坡度； 6.0——护坡的高度； $\sqrt{1^2+1.5^2}×6.0$——河道两岸斜坡的长度； 8——M7.5浆砌石护坡的长度； 2——河道两侧护坡	
7		30017	浆砌块石	100m³	0.87	$0.5×\sqrt{1^2+1.5^2}×6.0×8×2=86.53(m^3)=0.87(100m^3)$		

续表

序号	项目名称	定额编号	分项工程名称	计算单位	工程量	计算过程	对应注释	备注
8	M5 浆砌石护坡	60445	人工装车自卸汽车运块石，运距 5km，自卸汽车采用 8t	100m³	1.69	$0.5 \times 0.3 \times \sqrt{1^2+1.5^2} \times 6.0 \times 26 \times 2 = 168.74(\text{m}^3) = 1.69(100\text{m}^3)$	0.3——浆砌石护坡的厚度； 1.5——护坡的坡度； 6.0——护坡的高度； 26——M5 浆砌石护坡的长度； 2——河道两侧护坡	
9		30017	浆砌块石	100m³	1.69	$0.5 \times 0.3 \times \sqrt{1^2+1.5^2} \times 6.0 \times 26 \times 2 = 168.74(\text{m}^3)$ $= 1.69(100\text{m}^3)$		
10	干砌块石海漫	60445	人工装车自卸汽车运块石，自卸汽车采用 8t	100m³	1.07	$0.3 \times (\sqrt{12^2+1^2} + \sqrt{4^2+2^2}) \times 21.6$ $= 107(\text{m}^3) = 1.07(100\text{m}^3)$	0.3——干砌块石的厚度； 12——海漫斜坡段的水平长度； 1——海漫斜坡段的垂直长度； $\sqrt{12^2+1^2}$——海漫斜坡段的长度； 4——防冲槽上游斜坡的水平长度； 2——防冲槽上游斜坡的垂直长度； $\sqrt{4^2+2^2}$——防冲槽上游斜坡的长度； 21.6——防冲槽的宽度	
11		30014	干砌块石海漫	100m³	1.07	$0.3 \times (\sqrt{12^2+1^2} + \sqrt{4^2+2^2}) \times 21.6$ $= 107(\text{m}^3) = 1.07(100\text{m}^3)$		
12		60293	1m³ 装载机装砂石料自卸汽车运输，运距 5km，采用 8t 自卸汽车运输	100m³	0.20	$(3+\sqrt{4^2+2^2}+8)+(8+\sqrt{12^2+1^2}+\sqrt{4^2+2^2})\times0.3+[(3+\sqrt{12^2+1^2}+\sqrt{4^2+2^2})]\times$ $0.1+[(3+\sqrt{12^2+1^2}+\sqrt{4^2+2^2}+8)$ $+(8+\sqrt{12^2+1^2}+\sqrt{4^2+2^2})\times0.1$ $=11.89+3.96$ $=19.81(\text{m}^3)=0.20(100\text{m}^3)$	3——消力池水平段的水平长度； 4——消力池倾斜段的水平长度； 1——消力池倾斜段的垂直长度； $\sqrt{4^2+2^2}$——消力池倾斜段的长度； 8——消力池池底的水平长度； 4——海漫水平段反滤层的长度； 12——海漫斜坡段反滤层的水平长度； 1——海漫斜坡段反滤层的垂直长度； $\sqrt{12^2+1^2}$——海漫斜坡段反滤层的长度； 4——防冲槽上游斜坡反滤层的水平长度； 2——防冲槽上游斜坡反滤层的垂直长度； $\sqrt{4^2+2^2}$——防冲槽上游斜坡反滤层的长度； 0.3——碎石的厚度； 0.1——砂的厚度	
13	反滤层	30002	人工铺筑反滤层	100m³	0.20	$(3+\sqrt{4^2+1^2}+8)$ $+(8+\sqrt{12^2+1^2}+\sqrt{4^2+2^2})\times0.3+$ $[(3+\sqrt{12^2+1^2}+\sqrt{4^2+2^2})$ $\times0.1+[(3+\sqrt{12^2+1^2}+)+\sqrt{4^2+2^2}+8)+$ $(8+\sqrt{12^2+1^2}+\sqrt{4^2+2^2})]\times0.1=11.89+3.96+3.96$ $=19.81(\text{m}^3)=0.20(100\text{m}^3)$		

序号	项目名称	定额编号	分项工程名称	计算单位	工程量	计算过程	对应注释	备注
						混凝土工程		
14		40134	0.4m³搅拌机拌制混凝土	100m³	0.59	$[(0.6\times2+0.6\times\sqrt{l^2+1^2}\times2+9.6)+(1.0\times2+1.0\times\sqrt{l^2+1^2}\times2+10)]\times0.1\times21.6=59.02(m^3)$ $=0.59(100m^3)$	0.6——混凝土铺盖齿墙下底长; 2——混凝土铺盖齿墙个数; 0.6——混凝土铺盖齿墙的高; $0.6\times\sqrt{l^2+1^2}$——混凝土铺盖齿墙斜边长的长度; 9.6——闸底板闸齿墙下底长; 1.0——闸底板闸齿墙下底长; 2——混凝土铺盖齿墙斜边个数; $1.0\times\sqrt{l^2+1^2}$——混凝土铺盖齿墙的斜边长; 10——闸底板闸齿墙间垫层; 0.1——混凝土垫层; 21.6——垫层的横向宽度	
15	C10混凝土垫层	40150	斗车运混凝土,运距200m	100m³	0.59	$[(0.6\times2+0.6\times\sqrt{l^2+1^2}\times2+9.6)+(1.0\times2+1.0\times\sqrt{l^2+1^2}\times2+10)]\times0.1\times21.6=59.02(m^3)$ $=0.59(100m^3)$		
16		40099	混凝土垫层浇筑	100m³	0.59	$[(0.6\times2+0.6\times\sqrt{l^2+1^2}\times2+9.6)+(1.0\times2+1.0\times\sqrt{l^2+1^2}\times2+10)]\times0.1\times21.6=59.02(m^3)$ $=0.59(100m^3)$		
17		40134	0.4m³搅拌机拌制混凝土	100m³	1.79	$0.6\times12+1/2\times(0.6+1.2)\times0.6\times2]\times21.6=178.85(m^3)$ $=1.79(100m^3)$	0.6——混凝土铺盖的厚度; 12——混凝土铺盖的长度; 0.6——混凝土铺盖齿墙下底长; 1.2——混凝土铺盖齿墙上底长; 0.6——混凝土铺盖齿墙的高; 2——混凝土铺盖齿墙个数; 21.6——铺盖的横向宽度	
18	C20混凝土铺盖	40150	斗车运混凝土,运距200m	100m³	1.79	$0.6\times12+1/2\times(0.6+1.2)\times0.6\times2]\times21.6=178.85(m^3)$ $=1.79(100m^3)$		
19		40058	C20混凝土铺盖浇筑,厚度为0.6m	100m³	1.79	$0.6\times12+1/2\times(0.6+1.2)\times0.6\times2]\times21.6=178.85(m^3)$ $=1.79(100m^3)$		
20	C20混凝土上游翼墙	40134	0.4m³搅拌机拌制混凝土	100m³	3.37	$[0.5\times1.0+1/2\times(0.5+2.5)\times5+0.6\times3]\times[1/2\times3.14\times1/2\times(9.8+9.3)\times2.2]\times2$ $=9.8\times17.19\times2=337.00(m^3)$ $=3.37(100m^3)$	0.5——上游翼墙顶端矩形断面的厚度; 1.0——上游翼墙顶端矩形断面的高度; 0.5——上游翼墙中间梯形断面的上底长; 2.5——上游翼墙中间梯形断面的下底长; 5——上游翼墙中间梯形断面的高; 0.6——上游翼墙下部矩形断面的高; 3——上游翼墙下部矩形断面的长	

续表

序号	项目名称	定额编号	分项工程名称	计算单位	工程量	计算过程	对应注释	备注
21	C20混凝土上游翼墙	40150	斗车运混凝土	100m³	3.37	$[0.5×1.0+1/2×(0.5+2.5)×5+0.6×3]×[1/2×3.14×1/2×(9.8+9.3)×2.2]×2=9.8×17.19×2=337.00(m³)=3.37(100m³)$	9.8——上游翼墙的外半径; 9.3——上游翼墙的内半径; $1/2×3.14×1/2×(9.8+9.3)$——上游翼墙圆弧段的长度; 2.2——上游翼墙直线段的长度; 2——河岸两侧翼墙	
22		40071	混凝土翼墙浇筑，墙的平均厚度为90cm	100m³	3.37	$[0.5×1.0+1/2×(0.5+2.5)×5+0.6×3]×[1/2×3.14×1/2×(9.8+9.3)×2.2]×2=9.8×17.19×2=337.00(m³)=3.37(100m³)$		
23	C20混凝土下游翼墙	40134	0.4m³搅拌机拌制混凝土	100m³	0.44	$1/2×(9.8+19.81)×15×2=444.15(m³)=0.44(100m³)$	9.8——下游翼墙起始断面面积; 19.81——下游翼墙末端断面面积; 15——下游翼墙的长度; 2——河岸两侧翼墙	
24		40145	胶轮车运混凝土	100m³	0.44	$1/2×(9.8+19.81)×15×2=444.15(m³)=0.44(100m³)$		
25		40070	混凝土翼墙浇筑，墙的平均厚度为60cm	100m³	0.44	$1/2×(9.8+19.81)×15×2=444.15(m³)=0.44(100m³)$		
26	C20混凝土消力池	40134	0.4m³搅拌机拌制混凝土	100m³	0.34	$[3+\sqrt{4^2+1^2}+8+1/2×(0.6+1.2)×0.6]×21.6=338.32(m³)=0.34(100m³)$	3——消力池水平段的长度; 4——消力池倾斜段的水平长度; 1——消力池倾斜段的垂直长度; $\sqrt{4^2+1^2}$——; 8——消力池池底的水平长度; 0.6——消力池齿墙下底宽; 1.2——消力池齿墙上底宽; 0.6——消力池齿墙的高; 21.6——消力池池底的宽度	
27		40150	斗车运混凝土	100m³	0.34	$[3+\sqrt{4^2+1^2}+8+1/2×(0.6+1.2)×0.6]×21.6=338.32(m³)=0.34(100m³)$		
28		40058	混凝土消力池浇筑	100m³	0.34	$[3+\sqrt{4^2+1^2}+8+1/2×(0.6+1.2)×0.6]×21.6=338.32(m³)=0.34(100m³)$		
29	C25混凝土闸底板	40134	0.4m³搅拌机拌制混凝土	100m³	3.67	$[10×14+1/2×(1.0+2.0)×1.0×2]×21.6=367.20(m³)=3.67(100m³)$	1.0——闸底板的厚度; 14——闸底板的长度; 1.0——闸底端的上底边; 2.0——闸底端的下底边; 1.0——闸底板齿端的高; 2——闸底板齿端的个数; 21.6——闸底板的宽度	
30		40156	机动翻斗运混凝土	100m³	3.67	$[1.0×14+1/2×(1.0+2.0)×1.0×2]×21.6=367.20(m³)=3.67(100m³)$		

续表

序号	项目名称	定额编号	分项工程名称	计算单位	工程量	计算过程	对应注释	备注
31	C25混凝土闸底板	40058	混凝土闸底板浇筑闸底板的平均厚度为100cm	100m³	3.67	[1.0×14+1/2×(1.0+2.0)×1.0×2]×21.6=367.20(m³)=3.67(100m³)		
32		40134	0.4m³搅拌机拌制混凝土	100m³	3.02	(0.8×5+1.0×4+1/2×3.14×0.5×0.5-0.2×0.15)×7×2+(0.8×9+1.0×8+1/2×3.1 4×0.5×0.5)×6×2=115.325+187.11=302.44(m³)=3.02(100m³)	0.8—边墩的厚度; 5—闸门段的长度; 1.0—中墩的厚度; 4—中墩上游墩头半圆弧半径; 0.5—中墩上游墩头半圆形面积;	
33	C25混凝土闸墩	40150	斗车运混凝土	100m³	3.02	(0.8×5+1.0×4+1/2×3.14 ×0.5×0.5-0.2×0.15)×7×2+ (0.8×9+1.0×8+1/2×3.14×0.5×0.5)×6×2 =115.325+187.11 =302.44(m³)=3.02(100m³)	1/2×3.14×0.5×0.5—中墩上游墩头各两个; 7—工作闸门槽宽; 0.25—工作闸门槽深; 0.2—检修闸门槽宽; 0.15—检修闸门槽深;	
34		40067	混凝土闸墩浇筑	100m³	3.02	(0.8×5+1.0×4+1/2×3.14 ×0.5×0.5-0.2×0.15)×7×2+ (0.8×9+1.0×8+1/2×3.14×0.5×0.5)×6×2 =115.325+187.11 =302.44(m³)=3.02(100m³)	7—闸门段闸墩的高度; 2—中墩和边墩各两个; 0.8—边墩的厚度; 9—交通段的长度; 1.0—中墩的宽度; 8—中墩交通段首线的长度; 0.5—中墩下游墩头半圆弧半径; 6—交通段闸墩的高度	
35		40134	0.4m³搅拌机拌制混凝土	100m³	0.22	(0.6×0.6×2+0.6×0.5 ×1.8×2)×4=21.6(m³) =0.22(100m³)	0.6—排架立柱的边长; 6—排架的高度; 2—每个排架的立柱个数; 0.6—排架横梁的宽度; 0.5—排架横梁的高; 1.8—排架横梁的长度; 2—每个排架横梁的个数; 4—排架的个数	
36	C30混凝土排架	40150	斗车运混凝土 运距200m	100m³	0.22	(0.6×0.6×2+0.6×0.5 ×1.8×2)×4=21.6(m³) =0.22(100m³)		
37		40207	塔式起重机吊运混凝土,混凝土吊罐0.65m³,吊高6.0m	100m³	0.22	(0.6×0.6×2+0.6×0.5 ×1.8×2)×4=21.6(m³) =0.22(100m³)		
38		40092	混凝土排架浇筑	100m³	0.22	(0.6×0.6×2+0.6×0.5 ×1.8×2)×4=21.6(m³) =0.22(100m³)		

续表

序号	项目名称	定额编号	分项工程名称	计算单位	工程量	计算过程	对应注释	备注
39	C30混凝土工作桥	40105	预制混凝土桥梁包括模板制作、安装、拆除，混凝土拌制、场内运输、养护堆放	100m³	0.45	[0.6×0.8×2+0.3×3+1/2×(0.15+0.3)×0.5×2]×21.6=45.04(m³) =0.45(100m³)	0.6——工作桥支撑梁宽；0.8——工作桥支撑梁高；2——工作桥支撑梁的个数；0.3——工作桥桥面的厚度；3——工作桥桥面的长度；0.15——工作桥外伸部分上底宽；0.3——工作桥外伸部分下底宽；0.5——工作桥外伸部分的高；2——工作桥两侧都有外伸；21.6——交通桥的长度	
40		40233	简易龙门式起重机吊运预制混凝土桥梁	100m³	0.45	[0.6×0.8×2+0.3×3+1/2×(0.15+0.3)×0.5×2]×21.6=45.04(m³) =0.45(100m³)		
41	混凝土交通桥横梁	40105	预制混凝土交通桥梁包括模板制作、安装、拆除，混凝土拌制、浇筑养护堆放	100m³	0.23	0.5×0.7×3×21.6=22.68(m³) =0.23(100m³)	0.5——交通桥支撑梁宽；0.7——交通桥支撑梁高；3——交通桥支撑梁的个数；21.6——交通桥的长度	
42		40233	简易龙门式起重机吊运预制混凝土交通桥横梁	100m³	0.23	0.5×0.7×3×21.6 =22.68(m³)=0.23(100m³)		
43	混凝土交通桥面板	40134	0.4m³搅拌机拌制混凝土	100m³	0.53	(0.3×7.5+1/2×(0.15+0.3)× 0.5×2)×21.6=53.46(m³) =0.53(100m³)	0.3——交通桥面的厚度；7.5——交通桥面的宽度；0.15——交通桥外伸部分上底宽；0.3——交通桥外伸部分下底宽；0.5——交通桥外伸部分的高；2——交通桥两侧都有外伸；21.6——交通桥的长度	
44		40150	斗车运混凝土运距200m	100m³	0.53	(0.3×7.5+1/2×(0.15+0.3)× 0.5×2)×21.6=53.46(m³)=0.53(100m³)		
45	混凝土面板	40101	混凝土面板	100m³	0.53	(0.3×7.5+1/2×(0.15+0.3)× 0.5×2)×21.6=53.46(m³) =0.53(100m³)		

续表

序号	项目名称	定额编号	分项工程名称	计算单位	工程量	计算过程	对应注释	备注
46	C30混凝土检修桥	40105	预制混凝土桥梁 包括模板制作、安装、拆除、混凝土拌制、场内运输、浇筑养护堆放	100m³	0.10	(0.3×0.4×2+1.5×0.15)×21.6 =10.04(m³)=0.10(100m³)	0.3——检修桥支撑梁宽；0.4——检修桥支撑梁高；2——检修桥支撑梁的个数；0.15——检修桥面的厚度；1.5——检修桥面的长度；21.6——检修桥的长度	
47		40233	简易龙门式起重机吊运顶制混凝土桥梁	100m³	0.10	(0.3×0.4×2+1.5×0.15)×21.6 =10.04(m³)=0.10(100m³)		
48	止水	40260	紫铜片进行止水	100m	0.71	(7+0.6)×4+(20+0.25×2)×2 =30.4+41.0=71.4(m) =0.71(100m)	30.4——铅直止水；41.0——水平止水	
						钢筋加工及安装工程		
49	钢筋加工及安装	40289	钢筋加工及安装	t	49.49	178.85×3%+338.32×3%+367.20×3% +302.44×5%+(21.6+45.04+76.14+10.04) ×5%=49.49(t)=49.49(1t)		
						闸门设备及安装工程		
50	闸门设备安装	12003	平板焊接闸门安装	t	60.00			
						启闭设备及安装		
51	预埋件安装	12078	闸门埋设件安装	t	15.00			
52	卷扬式启闭闭设备安装	11064	卷扬式启闭闭机设备安装	台	3			

该拦河闸工程分部分项工程工程量清单与计价见表2-4，工程单价汇总见表2-5。

表2-4 分部分项工程工程量清单与计价表

工程名称：某拦河闸工程   第 页 共 页

序号	项目编码	项目名称	计量单位	工程量	单价/元	合价/元	主要技术条款编码	备注
1		建筑工程						
1.1		土方工程						
1.1.1	500101002001	渠道土方开挖	m^3	2376.43	19.60	46578.03		
1.1.2	500103001002	土方回填	m^3	3252.78	21.07	68536.08		
1.2		石方填筑						
1.2.1	500105003001	M7.5 浆砌石海漫	m^3	86.40	301.94	26087.62		
1.2.2	500105003002	M7.5 浆砌石护坡	m^3	86.53	308.10	26659.89		
1.2.3	500105003003	M5 浆砌石护坡	m^3	168.74	301.00	50790.74		
1.2.4	500105001004	干砌块石海漫	m^3	107.00	180.88	19354.16		
1.2.5	500103005005	反滤层	m^3	19.81	155.60	3082.44		
1.3		混凝土工程						
1.3.1	500109001001	C10 混凝土垫层	m^3	59.02	400.09	23613.31		
1.3.2	500109001002	C20 混凝土铺盖	m^3	178.85	432.73	77393.76		
1.3.3	500109001003	C20 混凝土上游翼墙	m^3	337.00	431.15	145297.55		
1.3.4	500109001004	C20 混凝土下游翼墙	m^3	275.75	437.87	120742.65		
1.3.5	500109001005	C20 混凝土消力池	m^3	338.32	432.73	146401.21		
1.3.6	500109001006	C25 混凝土闸底板	m^3	367.20	448.82	164806.70		
1.3.7	500109001007	C25 混凝土闸墩	m^3	302.44	438.33	132568.53		
1.3.8	500109001008	C30 混凝土排架	m^3	21.60	489.87	10581.19		
1.3.9	500109001009	C30 混凝土工作桥	m^3	45.04	711.98	32067.58		
1.3.10	500109001010	混凝土交通桥横梁	m^3	22.68	711.98	16147.71		
1.3.11	500109001011	混凝土交通桥面板	m^3	53.46	492.09	26307.13		
1.3.12	500109001012	C30 混凝土检修桥	m^3	10.04	711.98	7148.28		
1.3.13	500109008013	止水	m	71.40	679.04	48483.46		
1.3		钢筋加工及安装工程						
1.3.1	500111001001	钢筋加工及安装	t	49.49	7647.72	378485.66		
2		金属结构及安装工程						
2.1		闸门设备及安装工程						
2.1.1	500202005001	闸门设备安装	t	60.00	1701.33	102079.80		
2.1.2	500202007002	预埋件安装	t	15.00	3564.58	53468.70		
2.2		启闭设备及安装						
2.2.1	500202003001	卷扬式启闭机设备安装	台	3	18298.70	54896.10		

表 2-5　分部分项工程工程量清单计价汇总

工程名称：某拦河闸工程　　　　　　　　　　　　　　　　　　　　　第　页　共　页

序号	项目编码	项目名称	计量单位	人工费/元	材料费/元	机械费/元	施工管理费和利润/元	税金/元	合计/元
1		建筑工程							
1.1		土方工程							
1.1.1	500101002001	渠道土方开挖	m³	0.20	0.56	13.84	4.39	0.61	19.60
1.1.2	500103001002	土方回填	m³	7.21	1.44	7.01	4.75	0.66	21.07
1.2		石方填筑							
1.2.1	500105003001	M7.5 浆砌石海漫	m³	34.99	156.50	33.46	67.57	9.42	301.94
1.2.2	500105003002	M7.5 浆砌石护坡	m³	39.58	156.50	33.46	68.95	9.61	308.10
1.2.3	500105003003	M5 浆砌石护坡	m³	39.58	151.21	33.46	67.36	9.39	301.00
1.2.4	500105001004	干砌块石海漫	m³	23.45	79.57	31.74	40.48	5.64	180.88
1.2.5	500103005005	反滤层	m³	15.61	80.34	19.97	34.83	4.85	155.60
1.3		混凝土工程							
1.3.1	500109001001	C10 混凝土垫层	m³	31.86	215.61	38.35	99.85	14.42	400.09
1.3.2	500109001002	C20 混凝土铺盖	m³	39.28	237.53	34.81	107.61	13.50	432.73
1.3.3	500109001003	C20 混凝土上游翼墙	m³	28.11	241.06	41.28	107.25	13.45	431.15
1.3.4	500109001004	C20 混凝土下游翼墙	m³	31.98	241.10	42.37	108.76	13.66	437.87
1.3.5	500109001005	C20 混凝土消力池	m³	39.28	237.53	34.81	107.61	13.50	432.73
1.3.6	500109001006	C25 混凝土闸底板	m³	39.17	244.77	39.79	111.09	14.00	448.82
1.3.7	500109001007	C25 混凝土闸墩	m³	33.14	248.02	34.64	108.86	13.67	438.33
1.3.8	500109001008	C30 混凝土排架	m³	50.69	261.91	38.60	123.39	15.28	489.87
1.3.9	500109001009	C30 混凝土工作桥	m³	81.90	432.63	15.89	159.35	22.21	711.98
1.3.10	500109001010	混凝土交通桥横梁	m³	81.90	432.63	15.89	159.35	22.21	711.98
1.3.11	500109001011	混凝土交通桥面板	m³	64.59	258.64	32.62	120.89	15.35	492.09
1.3.12	500109001012	C30 混凝土检修桥	m³	81.90	432.63	15.89	159.35	22.21	711.98
1.3.13	500109008001	止水	m	26.89	477.26	1.73	151.98	21.18	679.04
1.4		钢筋加工及安装工程							
1.4.1	500111001001	钢筋加工及安装	t	550.65	4854.36	292.52	1711.62	238.57	7647.72
2		金属结构及安装工程							
2.1		闸门设备及安装工程							
2.1.1	500202005001	闸门设备安装	t	478.27	127.56	87.12	955.31	53.07	1701.33
2.1.2	500202007002	预埋件安装	t	756.85	278.24	416.76	2001.53	111.20	3564.58
2.2		启闭设备及安装							
2.2.1	500202003001	卷扬式启闭机设备安装	台	3906.72	1602.42	1943.89	10274.83	570.84	18298.70

工程量清单综合单价分析表见表 2-6～表 2-29。

表 2-6　工程量清单综合单价分析（一）

工程名称：某拦河闸工程　　　　　　　　　　　　　　　　　　　　第　页　共　页

| 项目编码 | 500101002001 | 项目名称 | 土方开挖工程 | 计量单位 | m³ |

清单综合单价组成明细

定额编号	定额名称	定额单位	数量	单价/元				合价/元			
				人工费	材料费	机械费	管理费和利润	人工费	材料费	机械费	管理费和利润
10366	1m³挖掘机挖土自卸汽车运输	100m³	23.76/2376.43=0.01	20.37	56.19	1384.49	438.94	0.20	0.56	13.84	4.39
	人工单价				小计			0.20	0.56	13.84	4.39
	3.04 元/工时（初级工）				未计材料费			—			
	清单项目综合单价							18.99			

材料费明细	主要材料名称、规格、型号		单位	数量	单价/元	合价/元	暂估单价/元	暂估合价/元
	其他材料费					0.56		
	材料费小计					0.56		

表 2-7　工程量清单综合单价分析（二）

工程名称：某拦河闸工程　　　　　　　　　　　　　　　　　　　　第　页　共　页

| 项目编码 | 500103001001 | 项目名称 | 土方回填工程 | 计量单位 | m³ |

清单综合单价组成明细

定额编号	定额名称	定额单位	数量	单价/元				合价/元			
				人工费	材料费	机械费	管理费和利润	人工费	材料费	机械费	管理费和利润
10310	2.75m³铲运机铲运土	100m³	32.53/3252.78=0.01	15.81	50.88	492.99	168.13	0.16	0.51	4.93	1.68
10465	1m³挖掘机挖装土自卸汽车运输	100m³	32.53/3252.78=0.01	720.96	92.85	207.50	306.83	7.21	0.93	2.08	3.07
	人工单价				小计			7.21	1.44	7.01	4.75
	3.04 元/工时（初级工）				未计材料费			—			
	清单项目综合单价							20.41			

材料费明细	主要材料名称、规格、型号		单位	数量	单价/元	合价/元	暂估单价/元	暂估合价/元
	其他材料费					1.44		
	材料费小计					1.44		

表 2-8　工程量清单综合单价分析（三）

工程名称：某拦河闸工程　　　　　　　　　　　　　　　　　　　　　第　　页　共　　页

项目编码	500105003001		项目名称	M7.5 浆砌块石海漫工程		计量单位		m³

清单综合单价组成明细

定额编号	定额名称	定额单位	数量	单价/元				合价/元			
				人工费	材料费	机械费	管理费和利润	人工费	材料费	机械费	管理费和利润
60445	人工装自卸汽车运块石	100m³	0.86/86.4=0.01	446.88	35.51	3104.03	1077.45	4.47	0.36	31.04	10.77
30018	浆砌块石海漫	100m³	0.86/86.4=0.01	3052.04	15613.99	242.00	5680.43	30.52	156.14	2.42	56.80
人工单价				小计				34.99	156.50	33.46	67.57
3.04 元/工时（初级工）5.62 元/工时（中级工）7.11 元/工时（工长）				未计材料费				—			
清单项目综合单价								292.52			

材料费明细	主要材料名称、规格、型号	单位	数量	单价/元	合价/元	暂估单价/元	暂估合价/元
	块石	m³	1.08	67.61	73.02		
	砂浆	m³	0.353	233.27	82.34		
	其他材料费				1.14		
	材料费小计				156.50		

表 2-9　工程量清单综合单价分析（四）

工程名称：某拦河闸工程　　　　　　　　　　　　　　　　　　　　　第　　页　共　　页

项目编码	500105003002		项目名称	M7.5 浆砌块石护坡工程		计量单位		m³

清单综合单价组成明细

定额编号	定额名称	定额单位	数量	单价/元				合价/元			
				人工费	材料费	机械费	管理费和利润	人工费	材料费	机械费	管理费和利润
60445	人工装自卸汽车运块石	100m³	0.87/86.53=0.01	446.88	35.51	3104.03	1077.45	4.47	0.36	31.04	10.77
30017	浆砌块石护坡	100m³	0.86/86.53=0.01	3510.96	15613.99	242.00	5818.30	35.11	156.14	2.42	58.18
人工单价				小计				39.58	156.50	33.46	68.95
3.04 元/工时（初级工）5.62 元/工时（中级工）7.11 元/工时（工长）				未计材料费				—			
清单项目综合单价								298.49			

材料费明细	主要材料名称、规格、型号	单位	数量	单价/元	合价/元	暂估单价/元	暂估合价/元
	块石	m³	1.08	67.61	73.02		
	砂浆	m³	0.353	233.27	82.34		
	其他材料费				1.14		
	材料费小计				156.50		

表 2-10　工程量清单综合单价分析（五）

工程名称：某拦河闸工程　　　　　　　　　　　　　　　　　　　　　第　页　共　页

| 项目编码 | 500105003003 | | 项目名称 | | M5 浆砌块石护坡工程 | | 计量单位 | | m³ |

清单综合单价组成明细

定额编号	定额名称	定额单位	数量	单价/元				合价/元			
				人工费	材料费	机械费	管理费和利润	人工费	材料费	机械费	管理费和利润
60445	人工装自卸汽车运块石	100m³	1.69/168.74=0.01	446.88	35.51	3104.03	1077.45	4.47	0.36	31.04	10.77
30017	浆砌块石护坡	100m³	1.69/168.74=0.01	3510.96	15085.04	242.00	5659.39	35.11	150.85	2.42	56.59
人工单价				小计				39.58	151.21	33.46	67.36
3.04 元/工时（初级工） 5.62 元/工时（中级工） 7.11 元/工时（工长）				未计材料费				—			
清单项目综合单价								291.61			

	主要材料名称、规格、型号	单位	数量	单价/元	合价/元	暂估单价/元	暂估合价/元
材料费明细	块石	m³	1.08	67.61	73.02		
	砂浆	m³	3.53	218.36	77.08		
	其他材料费				1.11		
	材料费小计				151.21		

表 2-11　工程量清单综合单价分析（六）

工程名称：某拦河闸工程　　　　　　　　　　　　　　　　　　　　　第　页　共　页

| 项目编码 | 500105001001 | | 项目名称 | | 干砌块石海漫工程 | | 计量单位 | | m³ |

清单综合单价组成明细

定额编号	定额名称	定额单位	数量	单价/元				合价/元			
				人工费	材料费	机械费	管理费和利润	人工费	材料费	机械费	管理费和利润
60445	人工装自卸汽车运块石	100m³	1.07/107=0.01	446.88	35.51	3104.03	1077.45	4.47	0.36	31.04	10.77
30014	干砌块石海漫	100m³	1.07/107=0.01	1897.96	7921.19	70.47	2971.08	18.98	79.21	0.70	29.71
人工单价				小计				23.45	79.57	31.74	40.48
3.04 元/工时（初级工） 5.62 元/工时（中级工） 7.11 元/工时（工长）				未计材料费				—			
清单项目综合单价								175.24			

	主要材料名称、规格、型号	单位	数量	单价/元	合价/元	暂估单价/元	暂估合价/元
材料费明细	块石	m³	1.16	67.61	78.43		
	其他材料费				1.14		
	材料费小计				79.57		

表 2-12　工程量清单综合单价分析（七）

工程名称：某拦河闸工程　　　　　　　　　　　　　　　　第　页　共　页

项目编码	500103005001		项目名称			反滤层		计量单位		m^3

清单综合单价组成明细

定额编号	定额名称	定额单位	数量	单价/元				合价/元			
				人工费	材料费	机械费	管理费和利润	人工费	材料费	机械费	管理费和利润
60293	$1m^3$ 装载机挖装砂砾料自卸汽车运输	$100m^3$	0.20/19.81=0.01	23.41	20.21	1997.41	613.18	0.23	0.20	19.97	6.13
30002	人工铺筑砂石反滤层	$100m^3$	0.20/19.81=0.01	1538.41	8013.93	0	2869.76	15.38	80.14	0	28.70
人工单价				小计				15.61	80.34	19.97	34.83
3.04 元/工时（初级工） 7.11 元/工时（工长）				未计材料费				—			
清单项目综合单价								150.75			

材料费明细	主要材料名称、规格、型号			单位	数量	单价/元	合价/元	暂估单价/元	暂估合价/元
	碎石			m^3	0.82	65.24	53.50		
	砂			m^3	0.2	127.99	25.60		
	其他材料费						1.24		
	材料费小计						80.34		

表 2-13　工程量清单综合单价分析（八）

工程名称：某拦河闸工程　　　　　　　　　　　　　　　　第　页　共　页

项目编码	500109001001		项目名称			C10 混凝土垫层		计量单位		m^3

清单综合单价组成明细

定额编号	定额名称	定额单位	数量	单价/元				合价/元			
				人工费	材料费	机械费	管理费和利润	人工费	材料费	机械费	管理费和利润
40134	$0.4m^3$ 搅拌机拌制 C10 混凝土	$100m^3$	0.59/59.02=0.01	1182.15	81.86	2910.64	1254.18	11.82	0.82	29.11	12.54
40150	斗车运混凝土	$100m^3$	0.59/59.02=0.01	306.74	19.64	20.52	104.21	3.07	0.20	0.21	1.04
40099	混凝土垫层浇筑	$100m^3$	0.59/59.02=0.01	1697.31	21458.65	902.88	8627.45	16.97	214.59	9.03	86.27
人工单价				小计				31.86	215.61	38.35	99.85
3.04 元/工时（初级工） 5.62 元/工时（中级工） 6.61 元/工时（高级工） 7.11 元/工时（工长）				未计材料费				—			
清单项目综合单价								385.67			

	主要材料名称、规格、型号	单位	数量	单价/元	合价/元	暂估单价/元	暂估合价/元
材料费明细	混凝土 C10	m³	1.03	204.03	210.15		
	水	m³	1.2	0.19	0.23		
	其他材料费				5.23		
	材料费小计				215.61		

表 2-14　工程量清单综合单价分析（九）

工程名称：某拦河闸工程　　　　　　　　　　　　　　　　　　　　　第　页　共　页

项目编码	500109001002		项目名称		C20 混凝土铺盖			计量单位			m³

清单综合单价组成明细

定额编号	定额名称	定额单位	数量	单价/元				合价/元			
				人工费	材料费	机械费	管理费和利润	人工费	材料费	机械费	管理费和利润
40134	0.4m³ 搅拌机拌制 C20 混凝土	100m³	1.79/178.85=0.01	1182.15	81.86	2910.64	1254.18	11.82	0.82	29.11	12.54
40150	斗车运混凝土	100m³	1.79/178.85=0.01	306.74	19.64	20.52	104.21	3.07	0.20	0.21	1.04
40058	混凝土铺盖浇筑	100m³	1.79/178.85=0.01	2438.87	23651.25	549.01	9402.64	24.39	236.51	5.49	94.03
人工单价					小计			39.28	237.53	34.81	107.61
3.04 元/工时（初级工） 5.62 元/工时（中级工） 6.61 元/工时（高级工） 7.11 元/工时（工长）					未计材料费			—			
清单项目综合单价								419.23			

材料费明细	主要材料名称、规格、型号	单位	数量	单价/元	合价/元	暂估单价/元	暂估合价/元
	混凝土 C20	m³	1.03	228.26	235.11		
	水	m³	1.2	0.19	0.23		
	其他材料费				2.19		
	材料费小计				237.53		

表 2-15　工程量清单综合单价分析（十）

工程名称：某拦河闸工程　　　　　　　　　　　　　　　　　　　　　第　页　共　页

项目编码	500109001003		项目名称		C20 混凝土上游翼墙			计量单位			m³

清单综合单价组成明细

定额编号	定额名称	定额单位	数量	单价/元				合价/元			
				人工费	材料费	机械费	管理费和利润	人工费	材料费	机械费	管理费和利润
40134	0.4m³ 搅拌机拌制 C20 混凝土	100m³	3.37/337.00=0.01	1182.15	81.86	2910.64	1254.18	11.82	0.82	29.11	12.54

定额编号	定额名称	定额单位	数量	单价/元				合价/元			
				人工费	材料费	机械费	管理费和利润	人工费	材料费	机械费	管理费和利润
40150	斗车运混凝土	100m³	3.37/337.00=0.01	306.74	19.64	20.52	104.21	3.07	0.20	0.21	1.04
40071	混凝土上游翼墙浇筑	100m³	3.37/337.00=0.01	1321.88	24004.25	1195.67	9367.37	13.22	240.04	11.96	93.67
人工单价					小计			28.11	241.06	41.28	107.25
3.04 元/工时（初级工） 5.62 元/工时（中级工） 6.61 元/工时（高级工） 7.11 元/工时（工长）				未计材料费			—				
清单项目综合单价								417.70			

材料费明细	主要材料名称、规格、型号	单位	数量	单价/元	合价/元	暂估单价/元	暂估合价/元
	混凝土　C20	m³	1.03	228.26	235.11		
	水	m³	1.2	0.19	0.23		
	其他材料费				5.72		
	材料费小计				241.06		

表 2-16　工程量清单综合单价分析（十一）

工程名称：某拦河闸工程　　　　　　　　　　　　　　　　　　　　第　　页　共　　页

项目编码	500109001004	项目名称	C20 混凝土下游翼墙	计量单位	m³

清单综合单价组成明细

定额编号	定额名称	定额单位	数量	单价/元				合价/元			
				人工费	材料费	机械费	管理费和利润	人工费	材料费	机械费	管理费和利润
40134	0.4m³ 搅拌机拌制 C20 混凝土	100m³	3.37/337.00=0.01	1182.15	81.86	2910.64	1254.18	11.82	0.82	29.11	12.54
40150	斗车运混凝土	100m³	3.37/337.00=0.01	306.74	19.64	20.52	104.21	3.07	0.20	0.21	1.04
40070	混凝土下游翼墙浇筑	100m³	3.37/337.00=0.01	1708.86	24008.13	1304.89	9517.61	17.09	240.08	13.05	95.18
人工单价					小计			31.98	241.10	42.37	108.76
3.04 元/工时（初级工） 5.62 元/工时（中级工） 6.61 元/工时（高级工） 7.11 元/工时（工长）				未计材料费			—				
清单项目综合单价								424.21			

材料费明细	主要材料名称、规格、型号	单位	数量	单价/元	合价/元	暂估单价/元	暂估合价/元
	混凝土　C20	m³	1.03	228.26	235.11		
	水	m³	1.2	0.19	0.23		
	其他材料费				5.76		
	材料费小计				241.10		

表 2-17　工程量清单综合单价分析（十二）

工程名称：某拦河闸工程　　　　　　　　　　　　　　　　　　　　第　页　共　页

项目编码	500109001005		项目名称		C20 混凝土消力池		计量单位		m³

清单综合单价组成明细

定额编号	定额名称	定额单位	数量	单价/元				合价/元			
				人工费	材料费	机械费	管理费和利润	人工费	材料费	机械费	管理费和利润
40134	0.4m³ 搅拌机拌制 C20 混凝土	100m³	0.34/338.32=0.01	1182.15	81.86	2910.64	1254.18	11.82	0.82	29.11	12.54
40150	斗车运混凝土	100m³	0.34/338.32=0.01	306.74	19.64	20.52	104.21	3.07	0.20	0.21	1.04
40058	混凝土消力池浇筑	100m³	0.34/338.32=0.01	2438.87	23651.25	549.01	9402.64	24.39	236.51	5.49	94.03
人工单价				小计				39.28	237.53	34.81	107.61
3.04 元/工时（初级工） 5.62 元/工时（中级工） 6.61 元/工时（高级工） 7.11 元/工时（工长）				未计材料费				—			
清单项目综合单价								419.23			

材料费明细	主要材料名称、规格、型号	单位	数量	单价/元	合价/元	暂估单价/元	暂估合价/元
	混凝土　C20	m³	1.03	228.26	235.11		
	水	m³	1.2	0.19	0.23		
	其他材料费				2.19		
	材料费小计				237.53		

表 2-18　工程量清单综合单价分析（十三）

工程名称：某拦河闸工程　　　　　　　　　　　　　　　　　　　　第　页　共　页

项目编码	500109001006		项目名称		C25 混凝土闸底板		计量单位		m³

清单综合单价组成明细

定额编号	定额名称	定额单位	数量	单价/元				合价/元			
				人工费	材料费	机械费	管理费和利润	人工费	材料费	机械费	管理费和利润
40134	0.4m³ 搅拌机拌制 C25 混凝土	100m³	3.67/367.20=0.01	1182.15	81.86	2910.64	1254.18	11.82	0.82	29.11	12.54
40156	机动翻斗车运混凝土	100m³	3.67/367.20=0.01	296.03	48.88	518.67	259.44	2.96	0.49	5.19	2.59
40058	混凝土闸底板浇筑	100m³	3.67/367.20=0.01	2438.87	24345.83	549.01	9595.53	24.39	243.46	5.49	95.96
人工单价				小计				39.17	244.77	39.79	111.09
3.04 元/工时（初级工） 5.62 元/工时（中级工） 6.61 元/工时（高级工） 7.11 元/工时（工长）				未计材料费				—			
清单项目综合单价								434.81			

材料费明细	主要材料名称、规格、型号	单位	数量	单价/元	合价/元	暂估单价/元	暂估合价/元
	混凝土 C25	m³	1.03	234.97	242.02		
	水	m³	1.2	0.19	0.23		
	其他材料费				2.52		
	材料费小计				244.77		

表 2-19 工程量清单综合单价分析（十四）

工程名称：某拦河闸工程　　　　　　　　　　　　　　　　　第　页　共　页

项目编码	500109001007	项目名称		C25 混凝土闸墩		计量单位		m³

清单综合单价组成明细

定额编号	定额名称	定额单位	数量	单价/元				合价/元			
				人工费	材料费	机械费	管理费和利润	人工费	材料费	机械费	管理费和利润
40134	0.4m³ 搅拌机拌制 C25 混凝土	100m³	3.02/302.44=0.01	1182.15	81.86	2910.64	1254.18	11.82	0.82	29.11	12.54
40150	斗车运混凝土	100m³	3.02/302.44=0.01	306.74	19.64	20.52	104.21	3.07	0.20	0.21	1.04
40067	混凝土闸墩浇筑	100m³	3.02/302.44=0.01	1824.72	24699.51	532.29	9528.03	18.25	247.00	5.32	95.28
人工单价					小计			33.14	248.02	34.64	108.86
3.04 元/工时（初级工） 5.62 元/工时（中级工） 6.61 元/工时（高级工） 7.11 元/工时（工长）					未计材料费			—			
清单项目综合单价								424.66			

材料费明细	主要材料名称、规格、型号	单位	数量	单价/元	合价/元	暂估单价/元	暂估合价/元
	混凝土 C25	m³	1.03	234.97	242.02		
	水	m³	0.70	0.19	0.13		
	其他材料费				5.87		
	材料费小计				248.02		

表 2-20 工程量清单综合单价分析（十五）

工程名称：某拦河闸工程　　　　　　　　　　　　　　　　　第　页　共　页

项目编码	500109001008	项目名称		C30 混凝土排架		计量单位		m³

清单综合单价组成明细

定额编号	定额名称	定额单位	数量	单价/元				合价/元			
				人工费	材料费	机械费	管理费和利润	人工费	材料费	机械费	管理费和利润
40134	0.4m³ 搅拌机拌制混凝土	100m³	0.22/21.6=0.01	1182.15	81.86	2910.64	1254.18	11.82	0.82	29.11	12.54

定额编号	定额名称	定额单位	数量	单价/元				合价/元			
				人工费	材料费	机械费	管理费和利润	人工费	材料费	机械费	管理费和利润
40150	斗车运混凝土	100m³	0.22/21.6=0.01	306.74	19.64	20.52	104.21	3.07	0.20	0.21	1.04
40207	塔式起重机吊运混凝土	100m³	0.22/21.6=0.01	422.63	71.20	764.11	377.91	4.23	0.71	7.64	3.78
40092	混凝土排架浇筑	100m³	0.22/21.6=0.01	3156.84	26018.39	164.46	10603.21	31.57	260.18	1.64	106.03
人工单价					小计			50.69	261.91	38.60	123.39
	3.04 元/工时（初级工） 5.62 元/工时（中级工） 6.61 元/工时（高级工） 7.11 元/工时（工长）				未计材料费			—			
清单项目综合单价								474.59			

材料费明细	主要材料名称、规格、型号	单位	数量	单价/元	合价/元	暂估单价/元	暂估合价/元
	混凝土 C30	m³	1.03	244.99	252.34		
	水	m³	1.4	0.19	0.27		
	其他材料费				9.30		
	材料费小计				261.91		

表 2-21 工程量清单综合单价分析（十六）

工程名称：某拦河闸工程　　　　　　　　　　　　　　　　　　　第　　页 共　　页

项目编码	500109001009	项目名称	C30 混凝土工作桥	计量单位	m³

清单综合单价组成明细

定额编号	定额名称	定额单位	数量	单价/元				合价/元			
				人工费	材料费	机械费	管理费和利润	人工费	材料费	机械费	管理费和利润
40105	预制C30混凝土便桥	100m³	0.45/45.04=0.01	7663.28	42805.79	933.26	15442.52	76.63	428.06	9.33	154.43
40233	简易龙门式起重机吊运预制混凝土构件	100m³	0.45/45.04=0.01	526.52	456.96	655.58	492.42	5.27	4.57	6.56	4.92
人工单价					小计			81.90	432.63	15.89	159.35
	3.04 元/工时（初级工） 5.62 元/工时（中级工） 6.61 元/工时（高级工） 7.11 元/工时（工长）				未计材料费			—			
清单项目综合单价								689.77			

材料费明细	主要材料名称、规格、型号	单位	数量	单价/元	合价/元	暂估单价/元	暂估合价/元
	锯材	m³	0.006	2020	12.12		
	专用钢模板	kg	1.224	6.5	7.96		

主要材料名称、规格、型号	单位	数量	单价/元	合价/元	暂估单价/元	暂估合价/元
铁件	kg	0.489	5.5	2.69		
预埋铁件	kg	27.35	5.5	150.43		
电焊条	kg	0.096	6.5	0.62		
铁钉	kg	0.018	5.5	0.10		
混凝土　C30	m³	1.02	244.99	249.89		
水	m³	1.8	0.19	0.34		
其他材料费				8.48		
材料费小计				432.63		

(材料费明细)

表 2-22　工程量清单综合单价分析（十七）

工程名称：某拦河闸工程　　　　　　　　　　　　　　第　页　共　页

项目编码	500109001010	项目名称		C30 混凝土交通桥横梁		计量单位		m³

清单综合单价组成明细

定额编号	定额名称	定额单位	数量	单价/元				合价/元			
				人工费	材料费	机械费	管理费和利润	人工费	材料费	机械费	管理费和利润
40105	预制 C30 混凝土交通桥横梁	100m³	0.23/22.68=0.01	7663.28	42805.79	933.26	15442.52	76.63	428.06	9.33	154.43
40233	简易龙门式起重机吊运预制混凝土构件	100m³	0.23/22.68=0.01	526.52	456.96	655.58	492.42	5.27	4.57	6.56	4.92
人工单价					小计			81.90	432.63	15.89	159.35
3.04 元/工时（初级工） 5.62 元/工时（中级工） 6.61 元/工时（高级工） 7.11 元/工时（工长）					未计材料费			—			
清单项目综合单价								689.77			

主要材料名称、规格、型号	单位	数量	单价/元	合价/元	暂估单价/元	暂估合价/元
锯材	m³	0.006	2020	12.12		
专用钢模板	kg	1.224	6.5	7.96		
铁件	kg	0.489	5.5	2.69		
预埋铁件	kg	27.35	5.5	150.43		
电焊条	kg	0.096	6.5	0.62		
铁钉	kg	0.018	5.5	0.10		
混凝土　C30	m³	1.02	244.99	249.89		
水	m³	1.8	0.19	0.34		
其他材料费				8.48		
材料费小计				432.63		

(材料费明细)

表 2-23 工程量清单综合单价分析（十八）

工程名称：某拦河闸工程   第 页 共 页

项目编码	500109001011	项目名称	C30 混凝土交通桥面板	计量单位	m³

清单综合单价组成明细

定额编号	定额名称	定额单位	数量	单价/元				合价/元			
				人工费	材料费	机械费	管理费和利润	人工费	材料费	机械费	管理费和利润
40134	0.4m³搅拌机拌制 C30 混凝土	100m³	0.53/53.46=0.01	1182.15	81.86	2910.64	1254.18	11.82	0.82	29.11	12.54
40150	斗车运混凝土	100m³	0.53/53.46=0.01	306.74	19.64	20.52	104.21	3.07	0.20	0.21	1.04
40101	混凝土交通桥面板浇筑	100m³	0.53/53.46=0.01	4969.77	25761.91	329.68	10731.18	49.70	257.62	3.30	107.31
人工单价					小计			64.59	258.64	32.62	120.89
3.04 元/工时（初级工） 5.62 元/工时（中级工） 6.61 元/工时（高级工） 7.11 元/工时（工长）					未计材料费			—			
清单项目综合单价								476.74			

材料费明细	主要材料名称、规格、型号	单位	数量	单价/元	合价/元	暂估单价/元	暂估合价/元
	混凝土 C30	m³	1.03	244.99	252.34		
	水	m³	1.2	0.19	0.23		
	其他材料费				6.07		
	材料费小计				258.64		

表 2-24 工程量清单综合单价分析（十九）

工程名称：某拦河闸工程   第 页 共 页

项目编码	500109001012	项目名称	C30 混凝土检修桥	计量单位	m³

清单综合单价组成明细

定额编号	定额名称	定额单位	数量	单价/元				合价/元			
				人工费	材料费	机械费	管理费和利润	人工费	材料费	机械费	管理费和利润
40105	预制 C30 混凝土检修桥	100m³	0.10/10.04=0.01	7663.28	42805.79	933.26	15442.52	76.63	428.06	9.33	154.43
40233	简易龙门式起重机吊运预制混凝土构件	100m³	0.10/10.04=0.01	526.52	456.96	655.58	492.42	5.27	4.57	6.56	4.92
人工单价					小计			81.90	432.63	15.89	159.35
3.04 元/工时（初级工） 5.62 元/工时（中级工） 6.61 元/工时（高级工） 7.11 元/工时（工长）					未计材料费			—			

续表

清单项目综合单价					688.54		
主要材料名称、规格、型号	单位	数量	单价/元	合价/元	暂估单价/元	暂估合价/元
锯材	m³	0.006	2020	12.12		
专用钢模板	kg	1.224	6.5	7.96		
铁件	kg	0.489	5.5	2.69		
预埋铁件	kg	27.35	5.5	150.43		
电焊条	kg	0.096	6.5	0.62		
铁钉	kg	0.018	5.5	0.10		
混凝土　C30	m³	1.02	244.99	249.89		
水	m³	1.8	0.19	0.34		
其他材料费				8.48		
材料费小计				432.63		

(材料费明细)

表 2-25　工程量清单综合单价分析（二十）

工程名称：某拦河闸工程　　　　　　　　　　　第　页　共　页

项目编码	500109008001	项目名称	止水	计量单位	m

清单综合单价组成明细

定额编号	定额名称	定额单位	数量	单价/元				合价/元			
				人工费	材料费	机械费	管理费和利润	人工费	材料费	机械费	管理费和利润
40260	采用紫铜片进行止水	100延长米	0.71/71.4=0.01	2689.22	47725.81	172.51	15197.74	26.89	477.26	1.73	151.98
人工单价				小计				26.89	477.26	1.73	151.98
3.04 元/工时（初级工）											
5.62 元/工时（中级工）			未计材料费				—				
6.61 元/工时（高级工）											
7.11 元/工时（工长）											

清单项目综合单价					657.86		
主要材料名称、规格、型号	单位	数量	单价/元	合价/元	暂估单价/元	暂估合价/元
沥青	t	0.017	4220	71.74		
木柴	t	0.0057	400	2.28		
紫铜片厚15mm	kg	5.61	71	398.31		
铜电焊条	kg	0.03	6.5	0.20		
其他材料费				4.73		
材料费小计				477.26		

(材料费明细)

表 2-26 工程量清单综合单价分析（二十一）

工程名称：某拦河闸工程　　　　　　　　　　　　　　　　　　　第　页　共　页

项目编码	500111001001	项目名称	钢筋制作与安装	计量单位	t

清单综合单价组成明细

定额编号	定额名称	定额单位	数量	单价/元				合价/元			
				人工费	材料费	机械费	管理费和利润	人工费	材料费	机械费	管理费和利润
40289	钢筋制作与安装	t	49.49/49.49=1.00	550.43	4854.36	292.52	1711.62	550.43	4854.36	292.52	1711.62
人工单价				小计				550.43	4854.36	292.52	1711.62
3.04 元/工时（初级工） 5.62 元/工时（中级工） 6.61 元/工时（高级工） 7.11 元/工时（工长）				未计材料费				—			
清单项目综合单价								7408.93			

	主要材料名称、规格、型号	单位	数量	单价/元	合价/元	暂估单价/元	暂估合价/元
材料费明细	钢筋	t	1.02	4644.48	4737.37		
	铁丝	kg	4	5.5	22.00		
	电焊条	kg	7.22	6.5	46.93		
	其他材料费				48.06		
	材料费小计				4854.36		

表 2-27 工程量清单综合单价分析（二十二）

工程名称：某拦河闸工程　　　　　　　　　　　　　　　　　　　第　页　共　页

项目编码	500202005001	项目名称	闸门安装工程	计量单位	t

清单综合单价组成明细

定额编号	定额名称	定额单位	数量	单价/元				合价/元			
				人工费	材料费	机械费	管理费和利润	人工费	材料费	机械费	管理费和利润
12003	平板焊接闸门安装	t	1	478.27	127.56	87.12	955.31	478.27	127.56	87.12	955.31
人工单价				小计				478.27	127.56	87.12	955.31
3.04 元/工时（初级工） 5.62 元/工时（中级工） 6.61 元/工时（高级工） 7.11 元/工时（工长）				未计材料费				—			
清单项目综合单价								1648.26			

	主要材料名称、规格、型号	单位	数量	单价/元	合价/元	暂估单价/元	暂估合价/元
材料费明细	钢板	kg	3.3	6.5	21.45		
	氧气	m³	2	4	8		

主要材料名称、规格、型号	单位	数量	单价/元	合价/元	暂估单价/元	暂估合价/元
乙炔气	m³	0.9	7	6.3		
电焊条	kg	4.4	6.5	28.6		
油漆	kg	2.2	10	22		
黄油	kg	0.2	8	1.6		
汽油 70#	kg	2.2	9.5	20.9		
棉纱头	kg	0.9	2.3	2.07		
其他材料费				16.64		
材料费小计				127.56		

（左侧纵向合并单元格：材料费明细）

表 2-28　工程量清单综合单价分析（二十三）

工程名称：某拦河闸工程　　　　　　　　　　　　　　　　　第　　页　共　　页

项目编码	500202007001	项目名称	闸门预埋件安装工程	计量单位	t

清单综合单价组成明细

定额编号	定额名称	定额单位	数量	单价/元				合价/元			
				人工费	材料费	机械费	管理费和利润	人工费	材料费	机械费	管理费和利润
12078	闸门预埋件安装	t	1	756.85	278.24	416.76	2001.53	756.85	278.24	416.76	2001.53
人工单价					小计			756.85	278.24	416.76	2001.53
3.04 元/工时（初级工） 5.62 元/工时（中级工） 6.61 元/工时（高级工） 7.11 元/工时（工长）					未计材料费				—		
清单项目综合单价								3453.38			

主要材料名称、规格、型号	单位	数量	单价/元	合价/元	暂估单价/元	暂估合价/元
钢板	kg	12	6.5	78		
氧气	m³	9.1	4	36.4		
乙炔气	m³	4	7	28		
电焊条	kg	11	6.5	71.5		
油漆	kg	2	10	20		
木材	m³	0.1	0.5	0.05		
黄油	kg	1	8	8		
其他材料费				36.29		
材料费小计				278.24		

（左侧纵向合并单元格：材料费明细）

表2-29 工程量清单综合单价分析（二十四）

工程名称：某拦河闸工程　　　　　　　　　　　　　　　　第　页　共　页

项目编码	500202003001	项目名称		卷扬式启闭设备安装		计量单位		t	

清单综合单价组成明细

定额编号	定额名称	定额单位	数量	单价/元				合价/元			
				人工费	材料费	机械费	管理费和利润	人工费	材料费	机械费	管理费和利润
11064	卷扬式启闭设备安装	t	1	3906.72	1602.42	1943.89	10274.83	3906.72	1602.42	1943.89	10274.83
人工单价				小计				3906.72	1602.42	1943.89	10274.83
3.04 元/工时（初级工） 5.62 元/工时（中级工） 6.61 元/工时（高级工） 7.11 元/工时（工长）				未计材料费				—			
清单项目综合单价								17727.86			

	主要材料名称、规格、型号	单位	数量	单价/元	合价/元	暂估单价/元	暂估合价/元
材料费明细	钢板	kg	30	6.5	195.00		
	型钢	kg	70	5	350.00		
	垫铁	kg	30	5.5	165.00		
	氧气	m³	15	4	60.00		
	乙炔气	m³	7	7	49.00		
	电焊条	kg	6	6.5	39.00		
	汽油 70#	kg	7	9.68	67.76		
	柴油 0#	kg	10	8.8	88.00		
	油漆	kg	7	10	70.00		
	绝缘线	m	35	6.5	227.50		
	木材	m³	0.3	0.5	0.15		
	破布	kg	2	0.8	1.60		
	棉纱头	kg	4	2.3	9.20		
	机油	kg	4	7.8	31.20		
	黄油	kg	5	8	40.00		
	其他材料费				209.01		
	材料费小计				1602.42		

工程预算单价计算见表2-30～表2-63。

表2-30 水利建筑工程预算单价计算表（一）

土方开挖

定额编号：10366　　　　　　　　单价编号：500101002001　　　　　　　　定额单位：100m³

施工方法：1m³挖掘机挖装土自卸汽车运输　运距2km

工作内容：挖装、运输、卸除、空回

编号	名称及规格	单位	数量	单价/元	合计/元
一	直接工程费				1629.07
1	直接费				1461.05
1-1	人工费				20.37
	初级工	工时	6.7	3.04	20.37
1-2	材料费				56.19
	零星材料费	%	4	1404.86	56.19
1-3	机械费				1384.49
	挖掘机 1m³	台时	1	209.58	209.58
	推土机 59kW	台时	0.5	111.73	55.87
	自卸汽车 8t	台时	8.4	133.22	1119.05
2	其他直接费	%	2.5	1461.05	36.53
3	现场经费	%	9	1461.05	131.49
二	间接费	%	9	1629.07	146.62
三	企业利润	%	7	1775.69	124.30
四	税金	%	3.22	1899.99	61.18
五	其他				
六	合计				1961.16

表2-31 水利建筑工程预算单价计算表（二）

土方回填

定额编号：10310　　　　　　　　单价编号：500103001001　　　　　　　　定额单位：100m³

施工方法：2.75m³铲运机铲运土　运距200m

工作内容：挖装、运输、卸除、空回

编号	名称及规格	单位	数量	单价/元	合计/元
一	直接工程费				624.04
1	直接费				559.68
1-1	人工费				15.81
	初级工	工时	5.2	3.04	15.81

编号	名称及规格	单位	数量	单价/元	合计/元
1-2	材料费				50.88
	零星材料费	%	10	508.82	50.88
1-3	机械费				492.99
	铲运机 2.75m³	台时	4.19	10.53	44.12
	拖拉机 59kW	台时	4.19	95.93	401.95
	推土机 59kW	台时	0.42	111.73	46.93
2	其他直接费	%	2.5	559.68	13.99
3	现场经费	%	9	559.68	50.37
二	间接费	%	9	624.04	56.16
三	企业利润	%	7	680.21	47.61
四	税金	%	3.22	727.82	23.44
五	其他				
六	合计				751.26

表 2-32 水利建筑工程预算单价计算表（三）

土方回填

定额编号：10465　　　　　　　　　单价编号：500103001001　　　　　　　　　定额单位：100m³

施工方法：土方回填　机械夯实

工作内容：包括 5m 内取土、倒土、平土、洒水、夯实

编号	名称及规格	单位	数量	单价/元	合计/元
一	直接工程费				1138.76
1	直接费				1021.31
1-1	人工费				720.96
	工长	工时	4.6	7.11	32.71
	初级工	工时	226.4	3.04	688.26
1-2	材料费				92.85
	零星材料费	%	10	928.46	92.85
1-3	机械费				207.50
	蛙式打夯机	台时	14.4	14.41	207.50
2	其他直接费	%	2.5	1021.31	25.53
3	现场经费	%	9	1021.31	91.92
二	间接费	%	9	1138.76	102.49

编号	名称及规格	单位	数量	单价/元	合计/元
三	企业利润	%	7	1241.25	86.89
四	税金	%	3.22	1328.14	42.77
五	其他				
六	合计				1370.90

表 2-33　水利建筑工程预算单价计算表（四）

M7.5 浆砌块石海漫

定额编号：60445　　　　　　　　单价编号：500105003001　　　　　定额单位：100m³

施工方法：人工装自卸汽车运块石，运距 5km

工作内容：装、运、卸、堆存、空回

编号	名称及规格	单位	数量	单价/元	合计/元
一	直接工程费				3998.86
1	直接费				3586.42
1-1	人工费				446.88
	初级工	工时	147	3.04	446.88
1-2	材料费				35.51
	零星材料费	%	1	3550.91	35.51
1-3	机械费				3104.03
	自卸汽车　8t	台时	23.3	133.22	3104.03
2	其他直接费	%	2.5	3586.42	89.66
3	现场经费	%	9	3586.42	322.78
二	间接费	%	9	3998.86	359.90
三	企业利润	%	7	4358.76	305.11
四	税金	%	3.22	4663.87	150.18
五	其他				
六	合计				4814.04

表 2-34　水利建筑工程预算单价计算表（五）

M7.5 浆砌块石海漫

定额编号：30019　　　　　　　单价编号：500105003001　　　　　　　定额单位：100m³

施工方法：浆砌块石　护底

工作内容：选石、修石、冲洗、拌浆、砌石、勾缝

编号	名称及规格	单位	数量	单价/元	合计/元
一	直接工程费				21036.55
1	直接费				18866.86
1-1	人工费				3052.04
	工长	工时	14.9	7.11	105.94
	中级工	工时	284.1	5.62	1596.64
	初级工	工时	443.9	3.04	1349.46
1-2	材料费				15613.99
	块石	m³	108	67.61	7301.88
	砂浆	m³	35.3	233.27	8234.43
	其他材料费	%	0.5	15536.31	77.68
1-3	机械费				242.00
	砂浆搅拌机 0.4m³	台时	6.35	15.62	99.19
	胶轮车	台时	158.68	0.90	142.81
2	其他直接费	%	2.5	18908.03	472.70
3	现场经费	%	9	18908.03	1701.72
二	间接费	%	9	21082.45	1897.42
三	企业利润	%	7	22979.87	1608.59
四	税金	%	3.22	24588.46	791.75
五	其他				
六	合计				25380.21

表 2-35　水利建筑工程预算单价计算表（六）

M7.5 浆砌块石护坡

定额编号：30017　　　　　　　单价编号：500105003002　　　　　　　定额单位：100m³

施工方法：浆砌块石　平面

工作内容：选石、修石、冲洗、拌浆、砌石、勾缝

编号	名称及规格	单位	数量	单价/元	合计/元
一	直接工程费				21594.15
1	直接费				19366.95

续表

编号	名称及规格	单位	数量	单价/元	合计/元
1-1	人工费				3510.96
	工长	工时	16.8	7.11	119.45
	中级工	工时	346.1	5.62	1945.08
	初级工	工时	475.8	3.04	1446.43
1-2	材料费				15613.99
	块石	m^3	108	67.61	7301.88
	砂浆	m^3	35.3	233.27	8234.43
	其他材料费	%	0.5	15536.31	77.68
1-3	机械费				242.00
	砂浆搅拌机 0.4m^3	台时	6.35	15.62	99.19
	胶轮车	台时	158.68	0.90	142.81
2	其他直接费	%	2.5	19366.95	484.17
3	现场经费	%	9	19366.95	1743.03
二	间接费	%	9	21594.15	1943.47
三	企业利润	%	7	23537.63	1647.63
四	税金	%	3.22	25185.26	810.97
五	其他				
六	合计				25996.23

表 2-36 水利建筑工程预算单价计算表（七）

M5 浆砌块石护坡

定额编号：30017　　　　单价编号：500105003002　　　　额单位：100m^3

施工方法：浆砌块石　平面

工作内容：选石、修石、冲洗、拌浆、砌石、勾缝

编号	名称及规格	单位	数量	单价/元	合计/元
一	直接工程费				21004.37
1	直接费				18838.00
1-1	人工费				3510.96
	工长	工时	16.8	7.11	119.45
	中级工	工时	346.1	5.62	1945.08
	初级工	工时	475.8	3.04	1446.43
1-2	材料费				15085.04

编号	名称及规格	单位	数量	单价/元	合计/元
	块石	m³	108	67.61	7301.88
	砂浆	m³	35.3	218.36	7708.11
	其他材料费	%	0.5	15009.99	75.05
1-3	机械费				242.00
	砂浆搅拌机 0.4m³	台时	6.35	15.62	99.19
	胶轮车	台时	158.68	0.90	142.81
2	其他直接费	%	2.5	18838.00	470.95
3	现场经费	%	9	18838.00	1695.42
二	间接费	%	9	21004.37	1890.39
三	企业利润	%	7	22894.76	1602.63
四	税金	%	3.22	24497.40	788.82
五	其他				
六	合计				25286.21

表 2-37 水利建筑工程预算单价计算表（八）

干砌块石海漫

定额编号：30014　　　　　　　单价编号：500105001001　　　　　　　定额单位：100m³

施工方法：干砌块石　护底

工作内容：选石、修石、砌筑、填缝、找平

编号	名称及规格	单位	数量	单价/元	合计/元
一	直接工程费				11026.93
1	直接费				9889.62
1-1	人工费				1897.96
	工长	工时	9.9	7.11	70.39
	中级工	工时	138.3	5.62	777.25
	初级工	工时	345.5	3.04	1050.32
1-2	材料费				7921.19
	块石	m³	116	67.61	7842.76
	其他材料费	%	1	7842.76	78.43
1-3	机械费				70.47
	胶轮车	台时	78.3	0.90	70.47
2	其他直接费	%	2.5	9889.62	247.24

续表

编号	名称及规格	单位	数量	单价/元	合计/元
3	现场经费	%	9	9889.62	890.07
二	间接费	%	9	11026.93	992.42
三	企业利润	%	7	12019.35	841.35
四	税金	%	3.22	12860.70	414.11
五	其他				
六	合计				13274.82

表 2-38　水利建筑工程预算单价计算表（九）

反滤层

定额编号：60293　　　　　　单价编号：500103005001　　　　　定额单位：100m³

施工方法：1m³ 装载机挖装砂砾料自卸汽车运输　运距 5km

工作内容：挖装、运输、卸除、空回

编号	名称及规格	单位	数量	单价/元	合计/元
一	直接工程费				2275.75
1	直接费				2041.03
1-1	人工费				23.41
	初级工	工时	7.7	3.04	23.41
1-2	材料费				20.21
	零星材料费	%	1	2020.82	20.21
1-3	机械费				1997.41
	装载机　1m³	台时	1.45	115.25	167.11
	推土机　74kW	台时	0.73	149.45	109.1
	自卸汽车　8t	台时	12.92	133.22	1721.2
2	其他直接费	%	2.5	2041.03	51.03
3	现场经费	%	9	2041.03	183.69
二	间接费	%	9	2275.75	204.82
三	企业利润	%	7	2480.57	173.64
四	税金	%	3.22	2654.21	85.47
五	其他				
六	合计				2739.68

表 2-39　水利建筑工程预算单价计算表（十）

反滤层

定额编号：30002　　　　　　　　单价编号：500103005001　　　　　　　　定额单位：100m³

施工方法：人工铺筑碎石垫层

工作内容：选石、修石、冲洗、拌浆、砌石、勾缝

编号	名称及规格	单位	数量	单价/元	合计/元
一	直接工程费				10650.86
1	直接费				9552.34
1-1	人工费				1538.41
	工长	工时	9.9	7.11	70.39
	初级工	工时	482.9	3.04	1468.02
1-2	材料费				8013.93
	碎石	m³	81.6	65.24	5323.58
	砂	m³	20.4	127.99	2611.00
	其他材料费	%	1	7934.58	79.35
1-3	机械费				
2	其他直接费	%	2.5	9552.34	238.81
3	现场经费	%	9	9552.34	859.71
二	间接费	%	9	10650.86	958.58
三	企业利润	%	7	11609.44	812.66
四	税金	%	3.22	12422.10	399.99
五	其他				
六	合计				12822.09

表 2-40　水利建筑工程预算单价计算表（十一）

C10 混凝土垫层

定额编号：40134　　　　　　　　单价编号：500109001001　　　　　　　　定额单位：100m³

施工方法：0.4m³ 搅拌机拌制混凝土

工作内容：场内配运水泥、骨料，投料、加水、加外加剂、搅拌、出料、清洗

编号	名称及规格	单位	数量	单价/元	合计/元
一	直接工程费				4654.73
1	直接费				4174.65
1-1	人工费				1182.15
	中级工	工时	122.5	5.62	688.45

编号	名称及规格	单位	数量	单价/元	合计/元
	初级工	工时	162.4	3.04	493.70
1-2	材料费				81.86
	零星材料费	%	2	4092.79	81.86
1-3	机械费				2910.64
	搅拌机　0.4m³	台时	18	23.83	428.94
	风水枪	台时	83	29.9	2481.7
2	其他直接费	%	2.5	4174.65	104.37
3	现场经费	%	9	4174.65	375.72
二	间接费	%	9	4654.73	418.93
三	企业利润	%	7	5073.66	355.16
四	税金	%	3.22	5428.82	174.81
五	其他				
六	合计				5603.63

表 2-41　水利建筑工程预算单价计算表（十二）

C10 混凝土垫层

定额编号：40150　　　　　　　单价编号：500109001001　　　　　　　定额单位：100m³

施工方法：斗车运混凝土，运距 200m

工作内容：装、运、卸、清洗

编号	名称及规格	单位	数量	单价/元	合计/元
一	直接工程费				386.79
1	直接费				346.90
1-1	人工费				306.74
	初级工	工时	100.9	3.04	306.74
1-2	材料费				19.64
	零星材料费	%	6	327.26	19.64
1-3	机械费				20.52
	V 形斗车 0.6m³	台时	38	0.54	20.52

编号	名称及规格	单位	数量	单价/元	合计/元
2	其他直接费	%	2.5	346.90	8.67
3	现场经费	%	9	346.90	31.22
二	间接费	%	9	386.79	34.81
三	企业利润	%	7	421.60	29.51
四	税金	%	3.22	451.12	14.53
五	其他				
六	合计				465.64

表 2-42　水利建筑工程预算单价计算表（十三）

C10 混凝土垫层

定额编号：40099　　　　　　单价编号：500109001001　　　　　　定额单位：100m³

施工方法：混凝土垫层浇筑

编号	名称及规格	单位	数量	单价/元	合计/元
一	直接工程费				32020.05
1	直接费				28717.53
1-1	人工费				1697.31
	工长	工时	10.9	7.11	77.50
	高级工	工时	18.1	6.61	119.64
	中级工	工时	188.5	5.62	1059.37
	初级工	工时	145	3.04	440.80
1-2	材料费				21458.65
	混凝土　C10	m³	103	204.03	21015.09
	水	m³	120	0.19	22.80
	其他材料费	%	2	21037.89	420.76
1-3	机械费				902.88
	振动器　1.1kW	台时	20	2.17	43.40
	风水枪	台时	26	29.90	777.40
	其他机械费	%	10	820.80	82.08
1-4	嵌套项				4658.69

编号	名称及规格	单位	数量	单价/元	合计/元
	混凝土拌制	m^3	103	41.76	4301.28
	混凝土运输	m^3	103	3.47	357.41
2	其他直接费	%	2.5	28717.53	717.94
3	现场经费	%	9	28717.53	2584.58
二	间接费	%	9	32020.05	2881.80
三	企业利润	%	7	34901.85	2443.13
四	税金	%	3.22	37344.98	1202.51
五	其他				
六	合计				38547.49

表 2-43　水利建筑工程预算单价计算表（十四）

C20 混凝土铺盖

定额编号：40058　　　　　　单价编号：500109001002　　　　　　定额单位：100m^3

施工方法：混凝土闸室底板浇筑

编号	名称及规格	单位	数量	单价/元	合计/元
一	直接工程费				34897.08
1	直接费				31297.82
1-1	人工费				2438.87
	工长	工时	15.6	7.11	110.92
	高级工	工时	20.9	6.61	138.15
	中级工	工时	276.7	5.62	1555.05
	初级工	工时	208.8	3.04	634.75
1-2	材料费				23651.25
	混凝土　C20	m^3	103	228.26	23510.78
	水	m^3	120	0.19	22.80
	其他材料费	%	0.5	23533.58	117.67
1-3	机械费				549.01
	振动器　1.1kW	台时	40.05	2.17	86.91
	风水枪	台时	14.92	29.90	446.11

编号	名称及规格	单位	数量	单价/元	合计/元
	其他机械费	%	3	533.02	15.99
1-4	嵌套项				4658.69
	混凝土拌制	m³	103	41.76	4301.28
	混凝土运输	m³	103	3.47	357.41
2	其他直接费	%	2.5	31297.82	782.45
3	现场经费	%	9	31297.82	2816.80
二	间接费	%	9	34897.08	3140.74
三	企业利润	%	7	38037.82	2662.65
四	税金	%	3.22	40700.47	1310.56
五	其他				
六	合计				42011.03

表 2-44 水利建筑工程预算单价计算表（十五）

C20 混凝土上游翼墙

定额编号：40071　　　　　　　　单价编号：500109001003　　　　　　　　定额单位：100m³

施工方法：混凝土上游翼墙浇筑

编号	名称及规格	单位	数量	单价/元	合计/元
一	直接工程费				34766.25
1	直接费				31180.49
1-1	人工费				1321.88
	工长	工时	8.2	7.11	58.30
	高级工	工时	19	6.61	125.59
	中级工	工时	152.4	5.62	856.49
	初级工	工时	92.6	3.04	281.50
1-2	材料费				24004.25
	混凝土 C20	m³	103	228.26	23510.78
	水	m³	120	0.19	22.80
	其他材料费	%	2	23533.58	470.67
1-3	机械费				1108.28

编号	名称及规格	单位	数量	单价/元	合计/元
	振动器　1.1kW	台时	40.05	2.17	86.91
	风水枪	台时	10	29.90	299.00
	混凝土泵 30m³/h	台时	7.65	87.87	672.21
	其他机械费	%	13	1058.11	137.55
1-4	嵌套项				4658.69
	混凝土拌制	m³	103	41.76	4301.28
	混凝土运输	m³	103	3.47	357.41
2	其他直接费	%	2.5	31180.49	779.51
3	现场经费	%	9	31180.49	2806.24
二	间接费	%	9	34766.25	3128.96
三	企业利润	%	7	37895.21	2652.66
四	税金	%	3.22	40547.88	1305.64
五	其他				
六	合计				41853.52

表 2-45　水利建筑工程预算单价计算表（十六）

C20 混凝土下游翼墙

定额编号：40070　　　　　　　　单价编号：500109001004　　　　　　　　定额单位：100m³

施工方法：混凝土下游翼墙浇筑

编号	名称及规格	单位	数量	单价/元	合计/元
一	直接工程费				35323.82
1	直接费				31680.56
1-1	人工费				1708.86
	工长	工时	10.5	7.11	74.66
	高级工	工时	24.6	6.61	162.61
	中级工	工时	197.1	5.62	1107.70
	初级工	工时	119.7	3.04	363.89
1-2	材料费				24008.13
	混凝土　C20	m³	103	228.26	23510.78
	水	m³	140	0.19	26.60

编号	名称及规格	单位	数量	单价/元	合计/元
	其他材料费	%	2	23537.38	470.75
1-3	机械费				1204.94
	振动器 1.1kW	台时	40.05	2.17	86.91
	风水枪	台时	10	29.90	299.00
	混凝土泵 30m³/h	台时	8.75	87.87	768.86
	其他机械费	%	13	1154.77	150.12
1-4	嵌套项				4658.69
	混凝土拌制	m³	103	41.76	4301.28
	混凝土运输	m³	103	3.47	357.41
2	其他直接费	%	2.5	31680.56	792.01
3	现场经费	%	9	31680.56	2851.25
二	间接费	%	9	35323.82	3179.14
三	企业利润	%	7	38502.97	2695.21
四	税金	%	3.22	41198.18	1326.58
五	其他				
六	合计				42524.76

表 2-46　水利建筑工程预算单价计算表（十七）

C20 混凝土消力池

定额编号：40058　　　　　单价编号：500109001005　　　　　定额单位：100m³

施工方法：混凝土消力池浇筑

编号	名称及规格	单位	数量	单价/元	合计/元
一	直接工程费				34897.07
1	直接费				31297.82
1-1	人工费				2438.87
	工长	工时	15.6	7.11	110.92
	高级工	工时	20.9	6.61	138.15
	中级工	工时	276.7	5.62	1555.05
	初级工	工时	208.8	3.04	634.75

编号	名称及规格	单位	数量	单价/元	合计/元
1-2	材料费				23651.25
	混凝土　C20	m³	103	228.26	23510.78
	水	m³	120	0.19	22.80
	其他材料费	%	0.5	23533.58	117.67
1-3	机械费				549.01
	振动器　1.1kW	台时	40.05	2.17	86.91
	风水枪	台时	14.92	29.90	446.11
	其他机械费	%	3	533.02	15.99
1-4	嵌套项				4658.69
	混凝土拌制	m³	103	41.76	4301.28
	混凝土运输	m³	103	3.47	357.41
2	其他直接费	%	2.5	31297.82	782.45
3	现场经费	%	9	31297.82	2816.80
二	间接费	%	9	34897.07	3140.74
三	企业利润	%	7	38037.81	2662.65
四	税金	%	3.22	40702.00	1310.55
五	其他				
六	合计				42011.01

表 2-47　水利建筑工程预算单价计算表（十八）

C25 混凝土闸底板

定额编号：40156　　　　　　　单价编号：500109001006　　　　　　　定额单位：100m³

施工方法：机动翻斗车运混凝土，运距 200m

工作内容：装、运、卸、清洗

编号	名称及规格	单位	数量	单价/元	合计/元
一	直接工程费				962.89
1	直接费				863.58
1-1	人工费				296.03
	中级工	工时	36.5	5.62	205.13

编号	名称及规格	单位	数量	单价/元	合计/元
	初级工	工时	29.9	3.04	90.90
1-2	材料费				48.88
	零星材料费	%	6	814.70	48.88
1-3	机械费				518.67
	机动翻斗车 1t	台时	22.6	22.95	518.67
2	其他直接费	%	2.5	863.58	21.59
3	现场经费	%	9	863.58	77.72
二	间接费	%	9	962.89	86.66
三	企业利润	%	7	1049.55	73.47
四	税金	%	3.22	1123.02	36.16
五	其他				
六	合计				1159.18

表2-48　水利建筑工程预算单价计算表（十九）

C25 混凝土闸底板

定额编号：40058　　　　　　单价编号：500109001006　　　　　　定额单位：100m³

施工方法：混凝土闸室底板浇筑

编号	名称及规格	单位	数量	单价/元	合计/元
一	直接工程费				35612.96
1	直接费				31939.87
1-1	人工费				2438.87
	工长	工时	15.6	7.11	110.92
	高级工	工时	20.9	6.61	138.15
	中级工	工时	276.7	5.62	1555.05
	初级工	工时	208.8	3.04	634.75
1-2	材料费				24345.83
	混凝土　C25	m³	103	234.97	24201.91
	水	m³	120	0.19	22.80
	其他材料费	%	0.5	24224.71	121.12
1-3	机械费				549.01

编号	名称及规格	单位	数量	单价/元	合计/元
	振动器 1.1kW	台时	40.05	2.17	86.91
	风水枪	台时	14.92	29.90	446.11
	其他机械费	%	3	533.02	15.99
1-4	嵌套项				4606.16
	混凝土拌制	m³	103	41.76	4301.28
	混凝土运输	m³	103	2.96	304.88
2	其他直接费	%	2.5	31939.87	798.50
3	现场经费	%	9	31939.87	2874.59
二	间接费	%	9	35612.96	3205.17
三	企业利润	%	7	38818.13	2717.27
四	税金	%	3.22	41535.40	1337.44
五	其他				
六	合计				42872.84

表 2-49　水利建筑工程预算单价计算表（二十）

C25 混凝土闸墩

定额编号：40067　　　　　单价编号：500109001007　　　　　定额单位：100m³

施工方法：混凝土闸墩浇筑

编号	名称及规格	单位	数量	单价/元	合计/元
一	直接工程费				35362.46
1	直接费				31715.21
1-1	人工费				1824.72
	工长	工时	11.7	7.11	83.19
	高级工	工时	15.5	6.61	102.46
	中级工	工时	209.7	5.62	1178.51
	初级工	工时	151.5	3.04	460.56
1-2	材料费				24699.51
	混凝土 C25	m³	103	234.97	24201.91
	水	m³	70	0.19	13.30

编号	名称及规格	单位	数量	单价/元	合计/元
	其他材料费	%	2	24215.21	484.30
1-3	机械费				532.29
	振动器 1.5kW	台时	20	3.18	63.60
	风水枪	台时	10	29.90	299.00
	变频机组 8.5kV·A	台时	5.36	16.51	88.49
	其他机械费	%	18	451.09	81.20
1-4	嵌套项				4658.69
	混凝土拌制	m³	103	41.76	4301.28
	混凝土运输	m³	103	3.47	357.41
2	其他直接费	%	2.5	31715.21	792.88
3	现场经费	%	9	31715.21	2854.37
二	间接费	%	9	35362.46	3182.62
三	企业利润	%	7	38545.08	2698.16
四	税金	%	3.22	41243.24	1328.03
五	其他				
六	合计				42571.27

表 2-50 水利建筑工程预算单价计算表（二十一）

C30 混凝土排架

定额编号：40207　　　　　　　　单价编号：500109001008　　　　　　　　定额单位：100m³

施工方法：塔式起重机吊运混凝土，吊高 6.0m

编号	名称及规格	单位	数量	单价/元	合计/元
一	直接工程费				1402.60
1	直接费				1257.94
1-1	人工费				422.63
	高级工	工时	15.9	6.61	105.10
	中级工	工时	47.9	5.62	269.20
	初级工	工时	15.9	3.04	48.34

编号	名称及规格	单位	数量	单价/元	合计/元
1-2	材料费				71.20
	零星材料费	%	6	1186.74	71.20
1-3	机械费				764.11
	塔式起重机 6t	台时	11.05	66.62	736.15
	混凝土吊罐 0.65m³	台时	11.05	2.53	27.96
2	其他直接费	%	2.5	1257.94	31.45
3	现场经费	%	9	1257.94	113.21
二	间接费	%	9	1402.60	126.23
三	企业利润	%	7	1528.84	107.02
四	税金	%	3.22	1635.86	52.67
五	其他				
六	合计				1688.53

表 2-51 水利建筑工程预算单价计算表（二十二）

C30 混凝土排架

定额编号：40092 单价编号：500109001008 定额单位：100m³

施工方法：混凝土排架浇筑

编号	名称及规格	单位	数量	单价/元	合计/元
一	直接工程费				39352.94
1	直接费				35294.12
1-1	人工费				3156.84
	工长	工时	19.3	7.11	137.22
	高级工	工时	57.8	6.61	382.06
	中级工	工时	366	5.62	2056.92
	初级工	工时	191	3.04	580.64
1-2	材料费				26018.39
	混凝土 C30	m³	103	244.99	25233.97
	水	m³	140	0.19	26.60
	其他材料费	%	3	25260.57	757.82

编号	名称及规格	单位	数量	单价/元	合计/元
1-3	机械费				164.46
	振动器 1.1kW	台时	35.6	2.17	77.25
	风水枪	台时	2	29.90	59.80
	其他机械费	%	20	137.05	27.41
1-4	嵌套项				5954.43
	混凝土拌制	m³	103	41.76	4301.28
	混凝土运输	m³	103	16.05	1653.15
2	其他直接费	%	2.5	35294.12	882.35
3	现场经费	%	9	35294.12	3176.47
二	间接费	%	9	39352.94	3541.76
三	企业利润	%	7	42894.71	3002.63
四	税金	%	3.22	45899.34	1477.89
五	其他				
六	合计				47375.23

表 2-52　水利建筑工程预算单价计算表（二十三）

C30 混凝土工作桥

定额编号：40105　　　　　　　单价编号：500109001009　　　　　　定额单位：100m³

施工方法：预制 C30 混凝土工作桥

工作内容：模板制作、安装、拆除，混凝土拌制、场内运输、浇筑、养护、堆放

编号	名称及规格	单位	数量	单价/元	合计/元
一	直接工程费				57313.60
1	直接费				51402.33
1-1	人工费				7663.28
	工长	工时	61.8	7.11	439.40
	高级工	工时	201	6.61	1328.61
	中级工	工时	773	5.62	4344.26
	初级工	工时	510.2	3.04	1551.01
1-2	材料费				42805.79
	锯材	m³	0.4	2020.00	808.00
	专用钢模板	kg	122.4	6.50	795.60
	铁件	kg	40.9	5.50	224.95

编号	名称及规格	单位	数量	单价/元	合计/元
	预埋铁件	kg	2735	5.50	15042.50
	电焊条	kg	9.59	6.50	62.34
	铁钉	kg	1.8	5.50	9.90
	混凝土　C30	m³	102	244.99	24988.98
	水	m³	180	0.19	34.20
	其他材料费	%	2	41966.47	839.33
1-3	机械费				933.26
	振动器　1.1kW	台时	44	2.17	95.48
	搅拌机　0.4m³	台时	18.36	23.83	437.52
	胶轮车	台时	92.8	0.90	83.52
	载重汽车　5t	台时	0.64	95.61	61.19
	电焊机 25kV·A	台时	10.96	12.21	133.82
	其他机械费	%	15	811.53	121.73
2	其他直接费	%	2.5	51402.33	1285.06
3	现场经费	%	9	51402.33	4626.21
二	间接费	%	9	57313.60	5158.22
三	企业利润	%	7	62471.82	4373.03
四	税金	%	3.22	66844.85	2152.40
五	其他				
六	合计				68997.25

表 2-53　水利建筑工程预算单价计算表（二十四）

C30 混凝土工作桥

定额编号：40233　　　　　　　　单价编号：500109001009　　　　　　　定额单位：100m³

施工方法：简易龙门式起重机吊运预制混凝土构件

工作内容：装、平运 200m 以内、卸

编号	名称及规格	单位	数量	单价/元	合计/元
一	直接工程费				1827.55
1	直接费				1639.06
1-1	人工费				526.52
	高级工	工时	20.9	6.61	138.15
	中级工	工时	57.8	5.62	324.84

编号	名称及规格	单位	数量	单价/元	合计/元
	初级工	工时	20.9	3.04	63.54
1-2	材料费				456.96
	锯材	m³	0.2	2020.00	404.00
	铁件	kg	8	5.50	44.00
	其他材料费	%	2	448.00	8.96
1-3	机械费				655.58
	龙门起重机简易 5t	台时	10.5	56.76	595.98
	其他机械费	%	10	595.98	59.60
2	其他直接费	%	2.5	1639.06	40.98
3	现场经费	%	9	1639.06	147.52
二	间接费	%	9	1827.55	164.48
三	企业利润	%	7	1992.03	139.44
四	税金	%	3.22	2131.47	68.63
五	其他				
六	合计				2200.11

表 2-54 水利建筑工程预算单价计算表（二十五）

混凝土交通桥横梁

定额编号：40105　　　　　　　　单价编号：500109001010　　　　　　　　定额单位：100m³

施工方法：预制 C30 混凝土交通桥横梁

工作内容：模板制作、安装、拆除，混凝土拌制、场内运输、浇筑、养护、堆放

编号	名称及规格	单位	数量	单价/元	合计/元
一	直接工程费				57313.60
1	直接费				51402.33
1-1	人工费				7663.28
	工长	工时	61.8	7.11	439.40
	高级工	工时	201	6.61	1328.61
	中级工	工时	773	5.62	4344.26
	初级工	工时	510.2	3.04	1551.01
1-2	材料费				42805.79
	锯材	m³	0.4	2020.00	808.00

编号	名称及规格	单位	数量	单价/元	合计/元
	专用钢模板	kg	122.4	6.50	795.60
	铁件	kg	40.9	5.50	224.95
	预埋铁件	kg	2735	5.50	15042.5
	电焊条	kg	9.59	6.50	62.34
	铁钉	kg	1.8	5.50	9.90
	混凝土　C30	m³	102	244.99	24988.98
	水	m³	180	0.19	34.20
	其他材料费	%	2	41966.47	839.33
1-3	机械费				933.26
	振动器　1.1kW	台时	44	2.17	95.48
	搅拌机　0.4m³	台时	18.36	23.83	437.52
	胶轮车	台时	92.8	0.90	83.52
	载重汽车　5t	台时	0.64	95.61	61.19
	电焊机 25kV·A	台时	10.96	12.21	133.82
	其他机械费	%	15	811.53	121.73
2	其他直接费	%	2.5	51402.33	1285.06
3	现场经费	%	9	51402.33	4626.21
二	间接费	%	9	57313.60	5158.22
三	企业利润	%	7	62471.82	4373.03
四	税金	%	3.22	66844.85	2152.40
五	其他				
六	合计				68997.25

表 2-55　水利建筑工程预算单价计算表（二十六）

预制混凝土交通桥横梁

定额编号：40233　　　　　　单价编号：500109001010　　　　　定额单位：100m³

施工方法：简易龙门式起重机吊运预制混凝土构件

工作内容：装、平运 200m 以内，卸

编号	名称及规格	单位	数量	单价/元	合计/元
一	直接工程费				1827.55
1	直接费				1639.06
1-1	人工费				526.52

编号	名称及规格	单位	数量	单价/元	合计/元
	高级工	工时	20.9	6.61	138.15
	中级工	工时	57.8	5.62	324.84
	初级工	工时	20.9	3.04	63.54
1-2	材料费				456.96
	锯材	m³	0.2	2020.00	404.00
	铁件	kg	8	5.50	44.00
	其他材料费	%	2	448.00	8.96
1-3	机械费				655.58
	龙门起重机简易 5t	台时	10.5	56.76	595.98
	其他机械费	%	10	595.98	59.6
2	其他直接费	%	2.5	1639.06	40.98
3	现场经费	%	9	1639.06	147.52
二	间接费	%	9	1827.55	164.48
三	企业利润	%	7	1992.03	139.44
四	税金	%	3.22	2131.47	68.63
五	其他				
六	合计				2200.11

表 2-56 水利建筑工程预算单价计算表（二十七）

混凝土交通桥面板

定额编号：40101　　　　　　　　单价编号：500109001011　　　　　　　　定额单位：100m³

施工方法：混凝土交通桥面板浇筑

编号	名称及规格	单位	数量	单价/元	合计/元
一	直接工程费				39827.86
1	直接费				35720.05
1-1	人工费				4969.77
	工长	工时	29.9	7.11	212.59
	高级工	工时	99.6	6.61	658.36
	中级工	工时	567.7	5.62	3190.47
	初级工	工时	298.8	3.04	908.35
1-2	材料费				25761.91
	混凝土 C30	m³	103	244.99	25233.97

编号	名称及规格	单位	数量	单价/元	合计/元
	水	m³	120	0.19	22.80
	其他材料费	%	2	25256.77	505.14
1-3	机械费				329.68
	振动器　1.1kW	台时	35.6	2.17	77.25
	风水枪	台时	7.44	29.90	222.46
	其他机械费	%	10	299.71	29.97
1-4	嵌套项				4658.69
	混凝土拌制	m³	103	41.76	4301.28
	混凝土运输	m³	103	3.47	357.41
2	其他直接费	%	2.5	35720.05	893.00
3	现场经费	%	9	35720.05	3214.80
二	间接费	%	9	39827.86	3584.51
三	企业利润	%	7	43412.36	3038.87
四	税金	%	3.22	46451.23	1495.73
五	其他				
六	合计				47946.96

表 2-57　水利建筑工程预算单价计算表（二十八）

C30 混凝土检修桥

定额编号：40105　　　　　　　　　单价编号：500109001012　　　　　　　　　定额单位：100m³

施工方法：预制 C30 混凝土检修桥

工作内容：模板制作、安装、拆除，混凝土拌制、场内运输、浇筑、养护、堆放

编号	名称及规格	单位	数量	单价/元	合计/元
一	直接工程费				57313.60
1	直接费				51402.33
1-1	人工费				7663.28
	工长	工时	61.8	7.11	439.40
	高级工	工时	201	6.61	1328.61
	中级工	工时	773	5.62	4344.26
	初级工	工时	510.2	3.04	1551.01
1-2	材料费				42805.79
	锯材	m³	0.4	2020.00	808.00

编号	名称及规格	单位	数量	单价/元	合计/元
	专用钢模板	kg	122.4	6.50	795.60
	铁件	kg	40.9	5.50	224.95
	预埋铁件	kg	2735	5.50	15042.50
	电焊条	kg	9.59	6.50	62.34
	铁钉	kg	1.8	5.50	9.90
	混凝土 C30	m³	102	244.99	24988.98
	水	m³	180	0.19	34.20
	其他材料费	%	2	41966.47	839.33
1-3	机械费				933.26
	振动器 1.1kW	台时	44	2.17	95.48
	搅拌机 0.4m³	台时	18.36	23.83	437.52
	胶轮车	台时	92.8	0.90	83.52
	载重汽车 5t	台时	0.64	95.61	61.19
	电焊机 25kV·A	台时	10.96	12.21	133.82
	其他机械费	%	15	811.53	121.73
2	其他直接费	%	2.5	51402.33	1285.06
3	现场经费	%	9	51402.33	4626.21
二	间接费	%	9	57313.60	5158.22
三	企业利润	%	7	62471.82	4373.03
四	税金	%	3.22	66844.85	2152.40
五	其他				
六	合计				68997.25

表 2-58 水利建筑工程预算单价计算表（二十九）

C30 混凝土检修桥

定额编号：40233　　　　　　　　单价编号：500109001012　　　　　　　　定额单位：100m³

施工方法：简易龙门式起重机吊运预制混凝土构件

工作内容：装、平运 200m 以内，卸

编号	名称及规格	单位	数量	单价/元	合计/元
一	直接工程费				1827.55
1	直接费				1639.06
1-1	人工费				526.52

编号	名称及规格	单位	数量	单价/元	合计/元
	高级工	工时	20.9	6.61	138.15
	中级工	工时	57.8	5.62	324.84
	初级工	工时	20.9	3.04	63.54
1-2	材料费				456.96
	锯材	m³	0.2	2020.00	404.00
	铁件	kg	8	5.50	44.00
	其他材料费	%	2	448.00	8.96
1-3	机械费				655.58
	龙门起重机简易 5t	台时	10.5	56.76	595.98
	其他机械费	%	10	595.98	59.60
2	其他直接费	%	2.5	1639.06	40.98
3	现场经费	%	9	1639.06	147.52
二	间接费	%	9	1827.55	164.48
三	企业利润	%	7	1992.03	139.44
四	税金	%	3.22	2131.47	68.63
五	其他				
六	合计				2200.11

表 2-59　水利建筑工程预算单价计算表（三十）

止水

定额编号：40260　　　　　　　单价编号：500109008001　　　　　　定额单位：100m³

施工方法：采用紫铜片进行止水

编号	名称及规格	单位	数量	单价/元	合计/元
一	直接工程费				56405.11
1	直接费				50587.54
1-1	人工费				2689.22
	工长	工时	25.5	7.11	181.31
	高级工	工时	178.7	6.61	1181.21
	中级工	工时	153.2	5.62	860.98
	初级工	工时	153.2	3.04	465.73
1-2	材料费				47725.81
	沥青	t	1.7	4220.00	7174.00

编号	名称及规格	单位	数量	单价/元	合计/元
	木柴	t	0.57	400.00	228.00
	紫铜片厚15mm	kg	561	71.00	39831.00
	铜电焊条	kg	3.12	6.50	20.28
	其他材料费	%	1	47253.28	472.53
1-3	机械费				172.51
	电焊机25kV·A	台时	13.48	12.21	164.59
	胶轮车	台时	8.8	0.90	7.92
2	其他直接费	%	2.5	50587.54	1264.69
3	现场经费	%	9	50587.54	4552.88
二	间接费	%	9	56405.11	5076.46
三	企业利润	%	7	61481.57	4303.71
四	税金	%	3.22	65785.28	2118.29
五	其他				
六	合计				67903.56

表2-60 水利建筑工程预算单价计算表（三十一）

钢筋制作与安装

定额编号：40289　　　　　　　单价编号：500111001001　　　　　　　定额单位：t

适用范围：水工建筑物各部位及预制构件

工作内容：回直、除锈、切断、弯制、焊接、绑扎及加工厂至施工场地运输

编号	名称及规格	单位	数量	单价/元	合计/元
一	直接工程费				6352.51
1	直接费				5697.32
1-1	人工费				550.43
	工长	工时	10.3	7.11	73.23
	高级工	工时	28.8	6.61	190.37
	中级工	工时	36	5.62	202.32
	初级工	工时	27.8	3.04	84.51
1-2	材料费				4854.36
	钢筋	t	1.02	4644.48	4737.37
	铁丝	kg	4	5.50	22.00
	电焊条	kg	7.22	6.50	46.93

编号	名称及规格	单位	数量	单价/元	合计/元
	其他材料费	%	1	4806.30	48.06
1-3	机械费				292.52
	钢筋调直机　14kW	台时	0.6	17.75	10.65
	风砂枪	台时	1.5	29.90	44.85
	钢筋切断机　20kW	台时	0.4	24.12	9.65
	钢筋弯曲机$\phi 6 \sim \phi 40$	台时	1.05	14.29	15.00
	电焊机　25kV·A	台时	10	12.21	122.10
	对焊机　150型	台时	0.4	77.36	30.94
	载重汽车　5t	台时	0.45	95.61	43.02
	塔式起重机　10t	台时	0.1	105.64	10.56
	其他机械费	%	2	286.79	5.74
2	其他直接费	%	2.5	5697.32	142.43
3	现场经费	%	9	5697.32	512.76
二	间接费	%	9	6352.51	571.73
三	企业利润	%	7	6924.23	484.70
四	税金	%	3.22	7408.93	238.57
五	其他				
六	合计				7647.50

表 2-61　水利建筑工程预算单价计算表（三十二）

闸门安装

定额编号：12003　　　　　　　单价编号：500202005001　　　　　　　定额单位：t

序号	名称及型号规格	单位	数量	单价/元	合价/元
一	直接工程费				1026.95
1	直接费				692.95
1-1	人工费				478.27
	工长	工时	5	7.11	35.55
	高级工	工时	22	6.61	145.42
	中级工	工时	41	5.62	230.42
	初级工	工时	22	3.04	66.88
1-2	材料费				127.56
	钢板	kg	3.3	6.50	21.45

序号	名称及型号规格	单位	数量	单价/元	合价/元
	氧气	m³	2	4.00	8.00
	乙炔气	m³	0.9	7.00	6.30
	电焊条	kg	4.4	6.50	28.60
	油漆	kg	2.2	10.00	22.00
	黄油	kg	0.2	8.00	1.60
	汽油 70#	kg	2.2	9.50	20.90
	棉纱头	kg	0.9	2.30	2.07
	其他材料费	%	15	110.92	16.64
1-3	机械费				87.12
	门式起重机 10t	台时	0.8	54.74	43.79
	电焊机 20～30kV·A	台时	2.9	12.21	35.41
	其他机械费	%	10	79.20	7.92
2	其他直接费	%	3.2	692.95	22.17
3	现场经费	%	45	692.95	311.83
二	间接费	%	50	1026.95	513.48
三	企业利润	%	7	1540.43	107.83
四	税金	%	3.22	1648.26	53.07
五	其他				
六	合计				1701.33

表 2-62　水利建筑工程预算单价计算表（三十三）

闸门预埋件安装

定额编号：12078　　　　　　　　单价编号：500202007001　　　　　　　　定额单位：t

序号	名称及型号规格	单位	数量	单价/元	合价/元
一	直接工程费				2151.65
1	直接费				1451.86
1-1	人工费				756.85
	工长	工时	7	7.11	49.77
	高级工	工时	36	6.61	237.96
	中级工	工时	64	5.62	359.68
	初级工	工时	36	3.04	109.44

序号	名称及型号规格	单位	数量	单价/元	合价/元
1-2	材料费				278.24
	钢板	kg	12	6.50	78.00
	氧气	m³	9.1	4.00	36.40
	乙炔气	m³	4	7.00	28.00
	电焊条	kg	11	6.50	71.50
	油漆	kg	2	10.00	20.00
	木材	m³	0.1	0.50	0.05
	黄油	kg	1	8.00	8.00
	其他材料费	%	15	241.95	36.29
1-3	机械费				416.76
	门式起重机 10t	台时	0.6	54.74	32.84
	卷扬机 5t	台时	11	17.75	195.25
	电焊机 20～30kV·A	台时	11	12.21	134.31
	其他机械费	%	15	362.40	54.36
2	其他直接费	%	3.2	1451.86	46.46
3	现场经费	%	45	1451.86	653.34
二	间接费	%	50	2151.65	1075.83
三	企业利润	%	7	3227.48	225.92
四	税金	%	3.22	3453.40	111.20
五	其他				
六	合计				3564.60

表 2-63　水利建筑工程预算单价计算表（三十四）

卷扬式启闭设备安装

定额编号：11064　　　　　　　　单价编号：500202003001　　　　　　　　定额单位：台

序号	名称及型号规格	单位	数量	单价/元	合价/元
一	直接工程费				11045.39
1	直接费				7453.03
1-1	人工费				3906.72
	工长	工时	36	7.11	255.96

序号	名称及型号规格	单位	数量	单价/元	合价/元
	高级工	工时	180	6.61	1189.80
	中级工	工时	360	5.62	2023.20
	初级工	工时	144	3.04	437.76
1-2	材料费				1602.42
	钢板	kg	30	6.50	195.00
	型钢	kg	70	5.00	350.00
	垫铁	kg	30	5.50	165.00
	氧气	m^3	15	4.00	60.00
	乙炔气	m^3	7	7.00	49.00
	电焊条	kg	6	6.50	39.00
	汽油 70#	kg	7	9.68	67.76
	柴油 0#	kg	10	8.80	88.00
	油漆	kg	7	10.00	70.00
	绝缘线	m	35	6.50	227.50
	木材	m^3	0.3	0.50	0.15
	破布	kg	2	0.80	1.60
	棉纱头	kg	4	2.30	9.20
	机油	kg	4	7.80	31.20
	黄油	kg	5	8.00	40.00
	其他材料费	%	15	1393.41	209.01
1-3	机械费				1943.89
	汽车起重机 8t	台时	12	118.51	1422.12
	电焊机 20~30kV·A	台时	16	17.75	284.00
	载重汽车 5t	台时	5	12.21	61.05
	其他机械费	%	10	1767.17	176.72
2	其他直接费	%	3.2	7453.03	238.50
3	现场经费	%	45	7453.03	3353.86
二	间接费	%	50	11045.39	5522.70
三	企业利润	%	7	16568.09	1159.77

续表

序号	名称及型号规格	单位	数量	单价/元	合价/元
四	税金	%	3.22	17727.85	570.84
五	其他				
六	合计				18298.69

人工费汇总见表 2-64。

表 2-64 人工费汇总

项目名称	单位	工长	高级工	中级工	初级工
基本工资标准	元/月	550	500	400	270
地区工资系数		1	1	1	1
地区津贴标准	元/月	0	0	0	0
夜餐津贴比例	%	30	30	30	30
施工津贴标准	元/d	5.3	5.3	5.3	2.65
养老保险费率	%	20	20	20	10
住房公积金费率	%	5	5	5	2.5
工时单价	元/h	7.11	6.61	5.62	3.04

施工机械台时费汇总见表 2-65。

表 2-65 施工机械台时费汇总

单位：元

序号	名称及规格	台时费	折旧费	修理费	安拆费	人工费	动力燃料费
1	单斗挖掘机 液压 1m³	209.58	35.63	25.46	2.18	15.18	131.13
2	推土机 59kW	111.73	10.8	13.02	0.49	13.5	73.92
3	自卸汽车 8t	133.22	22.59	13.55	—	7.31	89.77
4	蛙式夯实机 2.8kW	14.41	0.17	1.01	—	11.25	1.98
5	灰浆搅拌机	15.62	0.83	2.28	0.2	7.31	4.99
6	胶轮车	0.9	0.26	0.64		0	0
7	振捣器 插入式 1.1kW	2.17	0.32	1.22	—	0	0.63
8	混凝土泵 30m³/h	87.87	30.48	20.63	2.1	13.5	21.17
9	风（砂）水枪 6m³/min	29.9	0.24	0.42	—	0	29.24
10	混凝土搅拌机 0.4m³	23.83	3.29	5.34	1.07	7.31	6.82
11	机动翻斗车 1t	22.95	1.22	1.22	—	7.31	13.2
12	载重汽车 5t	95.61	7.77	10.86	—	7.31	69.67
13	电焊机 交流 25kV·A	12.21	0.33	0.3	0.09	0	11.49

序号	名称及规格	台时费	折旧费	修理费	安拆费	人工费	动力燃料费
14	钢筋调直机 4～14kW	17.75	1.6	2.69	0.44	7.31	5.71
15	钢筋弯曲机$\phi 6$～$\phi 40$	14.29	0.53	1.45	0.24	7.31	4.76
16	对焊机 电弧型150kV·A	77.36	1.69	2.56	0.76	7.31	65.04
17	塔式起重机 10t	105.64	41.37	16.89	3.1	15.18	29.09
18	振捣器 1.5kW	3.18	0.51	1.8	—	0	0.87
19	卷扬机 5t	17.75	2.97	1.16	0.05	7.31	6.26
20	龙门式起重机 10t	54.74	20.42	5.96	0.99	13.5	13.87
21	汽车起重机 8t	118.51	20.9	14.66	—	15.18	67.76
22	塔式起重机 6t	66.62	24.94	9.17	2.29	13.5	16.73

主要材料价格汇总见表2-66。

表2-66 主要材料价格汇总

编号	名称及规格	单位	单位毛重/t	每吨每公里运费/元	价格（卸车费和保管费按照郑州市造价信息提供的价格计算）							
					原价/元	运距/km	卸车费/元	运杂费/元	保管费/元	运到工地分仓库价格/t	保险费/元	预算价/元
1	钢筋	t	1	0.7	4500	6	5	9.2	135.28	4509.2		4644.48
2	水泥 32.5#	t	1	0.7	330	6	5	9.2	10.18	339.2		349.38
3	水泥 42.5#	t	1	0.7	360	6	5	9.2	11.08	369.2		380.28
6	汽油	t	1	0.7	9390	6		4.2	281.83	9394.2		9676.03
7	柴油	t	1	0.7	8540	6		4.2	256.33	8544.2		8800.53
8	砂（中砂）	m³	1.55	0.7	110	6	5	14.26	3.73	124.26		127.99
9	石子（碎石）	m³	1.45	0.7	50	6	5	13.34	1.9	63.34		65.24
10	块石	m³	1.7	0.7	50	6	5	15.64	1.97	65.64		67.61

2.4 计算方法与方式汇总

在对该浆砌石重力坝进行造价算量时，首先要根据本案例中所给的数据计算出每一部分采用的材料的工程量计算（清单工程量计算和定额工程量计算）。然后根据相应的定额计算出每种材料所需的费用。

2.4.1 工程量的计算方法

（1）清单工程量计算

清单工程量计算见表 2-67。

表 2-67 清单工程量计算

单位：m³

项目名称	序号	细部项目名称	计算方式	工程量计算总结
土方工程	1	渠道土方开挖	按照图示所给数据采用矩形和梯形计算	渠道土方开挖包括铺盖开挖、闸底板开挖、消力池开挖、海漫开挖、防冲槽开挖。 1. 铺盖开挖工程量包括混凝土铺盖、C10 混凝土垫层和铺盖齿墙的工程量，计算闸底板开挖工程量包括混凝土铺盖、C10 混凝土垫层和闸底板齿墙的工程量，按图 2-1 和图 2-2 所示计算； 2. 消力池开挖工程量包括消力池混凝土、C10 混凝土垫层和消力池齿墙的工程量，结合图 2-1 和图 2-2 计算； 3. 海漫开挖工程量海漫衬砌和海漫反滤层工程量，结合图 2-1 和图 2-2 计算； 4. 防冲槽工程量防冲槽上游（衬砌和衬砌反滤层）和防冲槽的开挖体积，结合图 2-1 和图 2-2 计算
土方回填	1	土方回填	按照图示所给数据采用圆弧形、矩形和扭曲面计算	1. 上游翼墙回填（圆弧形和直线段），圆弧形取平均值，结合图 2-1 和图 2-2 计算； 2. 下游翼墙回填（扭曲面和直线段）结合图 2-1 和图 2-2 计算； 3. 边墩外侧回填（岸坡坡顶高程以下回填土深 6.0m 和岸坡坡顶高程以上回填土深 1.0m），结合图 2-1 和图 2-2 计算； 注：圆弧形的体积为 1/2×（翼墙外侧半径+翼墙底部半径）×3.14×高度，扭曲面的体积为 1/6×1/2×扭曲面宽度×扭曲面高度×扭曲面长度，棱柱体的体积为 1/2×宽度×高度×长度
石方填筑	1	M7.5 浆砌石海漫	按照图示所给数据采用矩形计算	结合图 2-1 和图 2-2 计算
	2	M7.5 浆砌石护坡	按照图示所给数据采用矩形计算	结合图 2-10 计算
	3	M5 浆砌石护坡	按照图示所给数据采用矩形计算	结合图 2-11 计算
	4	干砌块石海漫	按照图示所给数据采用矩形计算	结合图 2-2 计算
	5	反滤层	按照图示所给数据采用矩形计算	包括消力池段、海漫段、防冲槽段结合图 2-12 计算
混凝土工程	1	C10 混凝土垫层	按照图示所给数据采用矩形和梯形计算	1. 混凝土铺盖、闸底板及消力池下面都铺有 C10 混凝土垫层，厚度为 100mm，结合图 2-1 和图 2-2 计算； 2. 都含有齿墙的体积，结合图 2-1 和图 2-2 计算
	2	C20 混凝土铺盖	按照图示所给数据采用矩形和梯形计算	结合图 2-1 和图 2-2 计算
	3	C20 混凝土翼墙	按照图示所给数据采用矩形和梯形计算	包括上下游翼墙，结合图 2-1 和图 2-2 计算

项目名称	序号	细部项目名称	计算方式	工程量计算总结
混凝土工程	4	C20 混凝土消力池	按照图示所给数据采用矩形和梯形计算	包括消力池基本剖面和齿墙，结合图 2-1 和图 2-2 计算
	5	C25 混凝土闸室	按照图示所给数据采用矩形和梯形计算	包括闸底板（含齿墙体积）和闸墩，结合图 2-1、图 2-2 和图 2-3 计算
	6	C30 混凝土排架	按照图示所给数据采用矩形计算	结合图 2-1 和图 2-2 计算
	7	C30 混凝土工作桥	按照图示所给数据采用矩形计算	结合图 2-2 和图 2-5 计算
	8	C30 混凝土交通桥	按照图示所给数据采用矩形计算	包括预制横梁和现浇面板，结合图 2-2 和图 2-4 计算
	9	C30 混凝土检修桥	按照图示所给数据采用矩形计算	结合图 2-2 和图 2-6 计算
	10	钢筋加工及安装工程	按照以上所计算的清单工程量的百分数计算	1. 铺盖工程量的 3%； 2. 消力池工程量 3%； 3. 闸底板工程量 3%； 4. 闸墩工程量 5%； 5. 混凝土排架、桥梁所需钢筋清单工程量为以上四项之和的 5%
	11	止水	按照图示所给数据采用矩形计算	包括铅直止水和水平止水两部分
闸门设备及安装	1	闸门设备及安装	按章所给数据计算	1. 闸门设备安装，按吨计，结合图 2-1 计算； 2. 配套埋件安装，按吨计，结合图 2-1 计算； 3. 启闭设备安装，按台计，结合图 2-1 计算

（2）定额工程量计算

定额工程量计算见表 2-68。

表 2-68　定额工程量计算

单位：100m³

分项	序号	细部工程量计算	工程量计算总结
土方开挖	1	上层石方开挖	1. 同清单工程量； 2. 2m³ 装载机装石渣汽车运输
	2	保护层石方开挖	1. 同清单工程量； 2. 2m³ 装载机装石渣汽车运输（运距 1km）
土方回填	1	土方回填	1. 按照实际工程量计算； 2. 2.75m³ 铲运机铲运土； 3. 建筑物回填土方
浆砌工程	1	M7.5 浆砌石海漫	1. 按照实际工程量计算； 2. 人工装车自卸汽车运块石（运距 5km，自卸汽车采用 8t）； 3. 浆砌块石

分项	序号	细部工程量计算	工程量计算总结
浆砌工程	2	M7.5 浆砌石护坡	1. 按照实际工程量计算； 2. 人工装车自卸汽车运块石（运距 5km，自卸汽车采用 8t）； 3. 浆砌块石实际工程量计算
	3	M5 浆砌石护坡	1. 按照实际工程量计算； 2. 人工装车自卸汽车运块石（运距 5km，自卸汽车采用 8t）； 3. 浆砌块石
	4	干砌块石海漫	1. 按照实际工程量计算； 2. 人工装车自卸汽车运块石（运距 5km，自卸汽车采用 8t）； 3. 干砌块石海漫实际工程量计算
	5	反滤层	1. 按照实际工程量计算； 2. 1m³ 装载机装砂石料自卸汽车运输（运距 5km，自卸汽车采用 8t）； 3. 人工铺筑反滤层
混凝土工程	1	C10 混凝土垫层	按照实际工程量计算
	2	C20 混凝土铺盖	按照实际工程量计算
	3	C20 混凝土上游翼墙	按照实际工程量计算
	4	C20 混凝土下游翼墙	按照实际工程量计算
	5	C20 混凝土消力池	按照实际工程量计算
	6	C25 混凝土闸底板	按照实际工程量计算
	7	C25 混凝土闸墩	按照实际工程量计算
	8	C30 混凝土排架	按照实际工程量计算
	9	C30 混凝土工作桥	按照实际工程量计算
	10	混凝土交通桥横梁	按照实际工程量计算
	11	混凝土交通桥面板	按照实际工程量计算
	12	C30 混凝土检修桥	按照实际工程量计算
	13	止水	按照实际工程量计算
安装工程	1	钢筋加工及安装	按照实际工程量计算
	2	闸门设备安装	按照实际工程量计算
	3	预埋件安装	按照实际工程量计算
	4	卷扬式启闭机设备安装	按照实际工程量计算

2.4.2　计算方式

各项分项工程首要就是计算工程量，对于工程量的计算，应该把握以下几种方式。

① 结合图纸的三视图和细部详图，按照梯形、三角形、矩形以及圆形的面积公式套用计算，然后再根据所计算部分的长度（或者深度）去计算总体积。

② 要考虑到每一部分的体积，做到不漏不缺、不增不减。

③ 要区分每部分材料的采用，根据图示数据计算其体积。

④ 计算定额工程量时注意与清单工程量的区别，同时要结合相应定额，对应定额子目进行计算。

⑤ 工程量确定后，根据各分类分项工程的要求，计算出工程量清单分析，查相应定额确定人、材、机的费用，从而用列表的方式计算出水利工程的预算报价。

第 3 章　某小型水库引水口工程造价计算

3.1　工程介绍

　　某小型水库，拦河坝采用单曲拱坝，引水口设置在坝体有一定困难，根据周围地段地质情况，拟选在岸边的水中建造进水塔，塔底部与引水管道相连通，塔身水面上部用桥与岸坝相接。由于地质条件较好，该塔式引水口不需开挖较大的基础。设计图详见图 3-1～图 3-5。由于该工程直接与水接触，且上部荷载不是很大，在进水口多个部位采用不同的混凝土结构或者砌体结构。其中，在塔身等一般不承受弯拉的部位，混凝土结构配筋率为 3%，而在进水口上部的螺杆启闭机梁柱结构，配筋率为 5%。

　　本工程中所有金属结构装置表面均刷涂除锈漆一遍，红丹漆一遍，调和漆两遍。所有沉降缝均用低发泡聚乙烯泡沫板填充；钢爬梯型号为 T3A07-21，室内外钢栏杆型号为 LG5-10，钢梯及栏杆制作安装及预埋件做法参照国家建筑标准设计图集。试对该小型水库引水口工程进行预算设计。

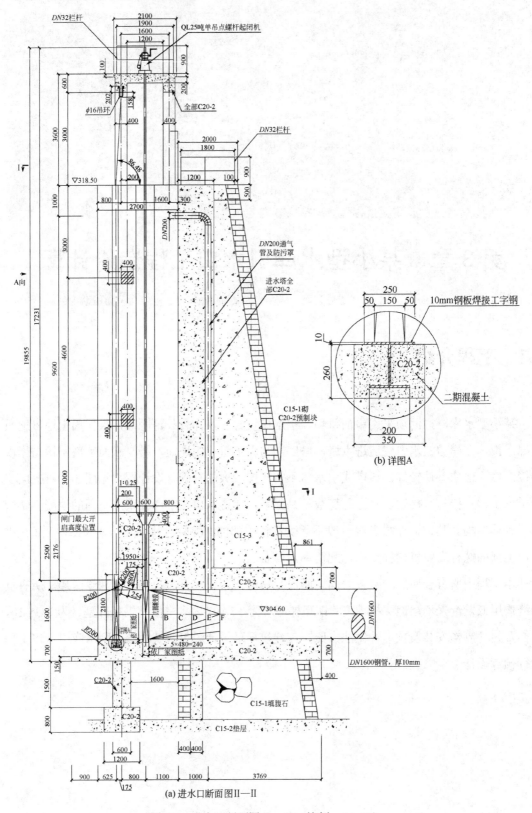

(a) 进水口断面图 Ⅱ—Ⅱ

图 3-1 进水口断面图 Ⅱ—Ⅱ（比例：1∶50）

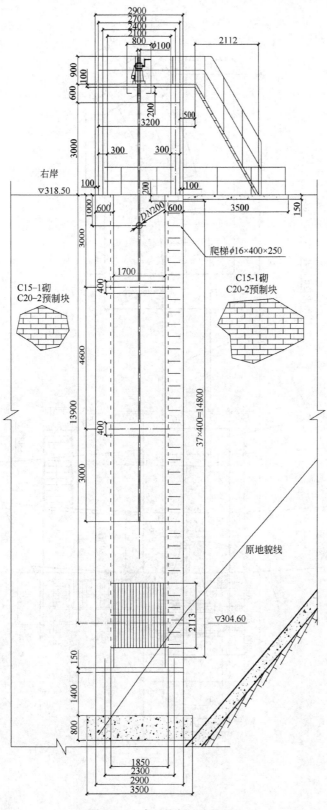

图 3-2 A 向（比例：1∶50）

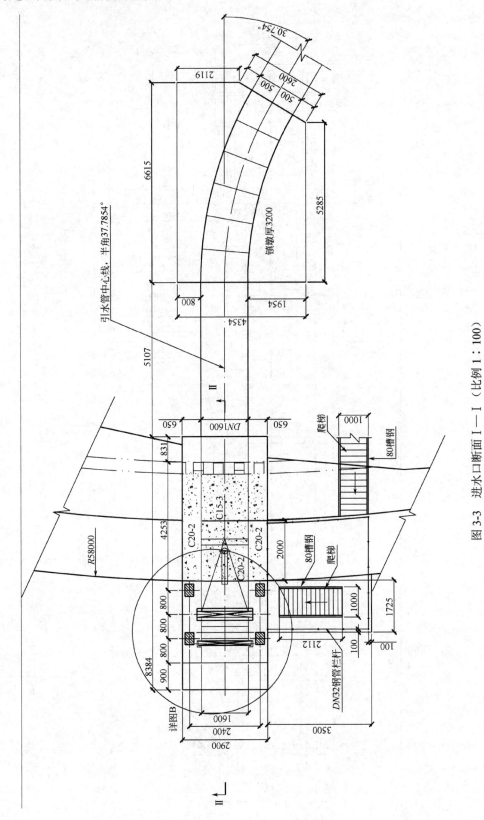

图 3-3　进水口断面 I—I（比例 1∶100）

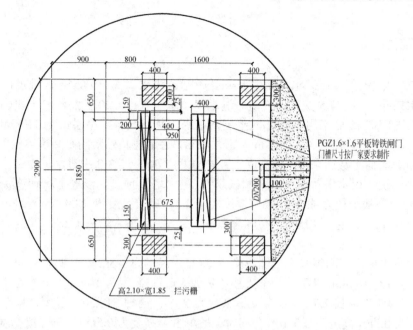

图 3-4　详图 B（比例 1∶25）

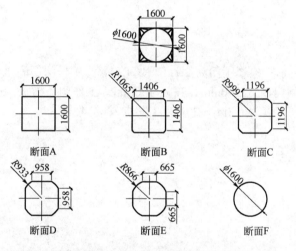

图 3-5　渐变段典型断面曲线图（比例：1∶100）

3.2　图纸识读

3.2.1　平面图

如图 3-3 进水口断面Ⅰ—Ⅰ和图 3-1 进水口断面Ⅱ—Ⅱ所示：在图 3-1 进水口断面Ⅱ—Ⅱ中Ⅰ—Ⅰ引水管道平面图，引水管中心线，半角为 37.7854°，镇墩厚 3200mm，在上游侧爬梯间长 1m、宽 2.112m，爬梯外侧为 80mm 的槽钢围着，且采用 DN32 钢管栏杆，引水管道的直径为 1.6m。

3.2.2 立面图

如图 3-2A 向和图 3-1 进水口断面 Ⅱ—Ⅱ 所示：进水口高 19.855m，进水口基础宽度 8.369m，进水口基础用 M7.5 浆砌石回填。进水口引水塔壁由 C20 预制混凝土块砌筑（引水塔背水流面半圈砌筑），底部用 C15-2 的垫层，进水口基础混凝土垫层长度 3.769m，进水池基础浆砌石回填体梯形断面顶宽 3.369m、高度 1.9m，进水池基础浆砌石回填体长度为 3.5m。断面底宽 0.4m，断面个数 2 个。断面高度 1.9m，长度 3.5m。图 3-2 中进水口由引水塔壁 C20 预制混凝土块砌筑（引水塔背水流面半圈砌筑），引水塔壁预制，混凝土块砌筑底部半径为 7.469～0.861m，顶部半径为 4.1m，砌筑厚度为 0.4m，砌筑高度为 12.076m。C20 混凝土边坡支护厚度为 0.3m，长度为 13.0m，高度为 10m。在图 3-1 中包含有 C20 钢筋混凝土进水口渐变段。

检修闸门与工作闸门间混凝土墩墙厚度为 0.8m，高度为 2.5m，长度为 3.5m。C20 混凝土吊车梁柱：高程 318.50m 以下，吊车梁柱边长为 0.6m，高度为 10.6m，个数 4 个，横向支撑边长 0.4m，横向支撑长 1.7m，横向支撑个数为 2 个；高程 318.50m 以上，吊车梁柱长度为 0.4m，宽度为 0.3m，高度为 3.0m，个数 4 个。吊车主梁高度为 0.5m，吊车主梁宽度为 0.4m，吊车主梁个数 2 个，起吊平台板厚度 0.1m。

3.2.3 详图

如图 3-4 详图 B 所示：检修闸门高 2.1m、宽 1.85m；工作闸门高 1.6m、宽 1.6m；两侧边墩宽 650mm，检修闸门槽宽 200mm、深为 150mm，工作闸门槽宽 400mm、深 100mm。吊车梁柱长度为 0.4m；宽度为 0.3m，高度为 3.0m，个数 4 个。

3.3 工程量计算

3.3.1 清单工程量

清单工程量计算规则：清单工程量依据施工图纸计算所得工程量乘以系数 1.0。某塔式进水口工程清单工程量计算过程见表 3-1。

某塔式进水口工程量清单表见表 3-2。

3.3.2 定额工程量

定额工程量计算过程见表 3-3。定额工程量套用《水利建筑工程预算定额》。

分部分项工程工程量清单计价见表 3-4。

工程单价汇总见表 3-5。

工程量清单综合单价分析见表 3-6～表 3-19。

工程名称：某塔式进水口工程

表 3-1　某塔式进水口工程清单工程量计算过程

序号	项目编码	项目名称	工程项目	项目特征描述	计算单位	工程量	计算过程	对应注释	备注
						土方开挖工程			
1	50010100 2001	进水口土方开挖	进水口土方开挖	III类土，露天作业，厚0.4m	m³	44.97	(8.369+0.5×2)×0.4×12.0 =44.97(m³)	8.369——进水口基础宽度； 0.5——进水口基础开挖超挖宽度； 0.4——进水口基础开挖土平均厚度； 12.0——进水口基础开挖长度	
						石方开挖工程			
2	50010200 2001	进水口石方开挖	进水口石方开挖	较坚硬的岩石，设计倾角20°～40°，厚3.1m	m³	348.53	(8.369+0.5×2)×3.1×12.0 =348.53(m³)	8.369——进水口基础宽度； 0.5——进水口基础开挖超挖宽度； 3.1——进水口基础开挖岩石平均厚度； 12.0——进水口基础开挖长度	
						砌筑工程			
3	50010500 3001	进水口基础M7.5浆砌石回填	进水口基础浆砌石回填	M7.5浆砌石，厚1.9m	m³	23.73	(3.769+3.369)/2×1.9×3.5 =23.73(m³)	3.769——进水池基础浆砌石回填体梯形断面底宽； 3.369——进水池基础浆砌石回填体梯形断面顶宽； 1.9——进水池基础浆砌石回填体梯形断面高度； 3.5——进水池基础浆砌石回填体长度	
4	50010500 8001	进水口基础C20预制混凝土块砌筑	进水口基础预制混凝土块砌筑	C20预制混凝土块，厚1.9m	m³	5.32	0.4×2×1.9×3.5 =5.32(m³)	0.4——进水池基础预制混凝土块砌筑断面底宽； 2——进水池基础预制混凝土块砌筑断面个数； 1.9——进水池基础预制混凝土块砌筑断面高度； 3.5——进水池基础预制混凝土块砌筑体长度	

续表

序号	项目编码	项目名称	工程项目	项目特征描述	计算单位	工程量	计算过程	对应注释	备注
5	500105008002	进水口引水塔壁C20预制混凝土块砌筑	进水口引水塔壁预制混凝土块砌筑	C20预制混凝土块，厚0.4m	m³	81.21	[(7.469-0.861)+4.1]/2×0.4×12.076×3.14=81.21(m³)	(7.469-0.861)——引水塔壁预制混凝土块砌筑顶底部半径；4.1——引水塔壁预制混凝土块砌筑顶部半径；0.4——引水塔壁预制混凝土块砌筑厚度；12.076——引水塔壁预制混凝土块砌筑高度；3.14——圆周率	
							混凝土工程		
6	500109001001	C15混凝土基础垫层	混凝土基础垫层	C15混凝土，厚0.5m	m³	17.33	9.369×3.7×0.5=17.33(m³)	9.369——进水口基础混凝土垫层长度；3.7——进水口基础混凝土垫层宽度；0.5——进水口基础混凝土垫层厚度	
7	500106011001	C20混凝土边坡锚喷支护	混凝土边坡锚喷支护	C20混凝土，厚0.3m	m³	39.00	0.3×13.0×10=39.00(m³)	0.3——进水口基础混凝土边坡支护厚度；13.0——进水口基础混凝土边坡支护长度；10——进水口基础混凝土边坡支护高度	
8	500109001002	C20混凝土基础	混凝土基础	C20混凝土，基础1底部扩大头厚1.2m；底部立柱0.6m；基础2厚0.4m	m³	9.17	基础1：(0.8×1.2+0.6×1.5)×3.5=6.51(m³) 基础2：0.4×1.9×3.5=2.66(m³) C20混凝土基础总清单工程量：6.51+2.66=9.17(m³)	基础1：3.5——混凝土基础1长度；1.2——混凝土基础底部扩大头宽度；0.8——混凝土基础底部扩大头高度；0.6——混凝土基础底部立柱宽度；1.5——混凝土基础底部立柱高度。基础2：0.4——混凝土基础2宽度；1.9——混凝土基础2高度；3.5——混凝土基础2长度	
9	500109001003	C20钢筋混凝土进水口渐变段	钢筋混凝土进水口渐变段	C20钢筋混凝土，渐变段混凝土厚0.7m；进水口栅板支撑厚0.15m	m³	38.23	7.469×3.14×(1.6+0.7)×0.7+0.15×0.9×3.5=38.23(m³)	7.469——钢筋混凝土进水口渐变段长度；1.6+0.7——钢筋混凝土进水口渐变段平均直径；0.7——钢筋混凝土进水口渐变段混凝土厚度；3.14——圆周率	

续表

序号	项目编码	项目名称	工程项目	项目特征描述	计算单位	工程量	计算过程	对应注释	备注
9	500109001003	C20钢筋混凝土进水口渐变段	钢筋混凝土渐变进水口段	C20钢筋混凝土；渐变口混凝土厚0.7m；进水口栅板支撑厚0.15m	m³	38.23	7.469×3.14×(1.6+0.7)×0.7+0.15×0.9×3.5=38.23(m³)	0.15—钢筋混凝土进水口栅板支撑厚度；0.9—钢筋混凝土进水口栅板支撑宽度；3.5—钢筋混凝土进水口栅板支撑长度	
10	500109001004	C20混凝土检修闸门与工作闸门间的部分	混凝土检修闸门与工作闸门间的部分	C20混凝土，厚0.8m	m³	7.00	0.8×2.5×3.5=7.00(m³)	0.8—检修闸门与工作闸门间混凝土墩端厚度；2.5—检修闸门与工作闸门间混凝土墩端高度；3.5—检修闸门与工作闸门间混凝土墩端长度	
11	500109001005	C20混凝土闸门工作后部分	混凝土工作闸门后部分	C20混凝土；闸室段工作闸门后混凝土厚1.0m；闸室段通气孔部位混凝土厚1.2m	m³	63.77	(1.0×2.5+1.2×13.1)×3.5=63.77(m³)	1.0—闸室段工作闸门后混凝土宽度；2.5—闸室段工作闸门后混凝土高度；1.2—闸室段通气孔部位混凝土宽度；13.1—闸室段通气孔部位混凝土高度；3.5—闸室段混凝土长度	
12	500109001006	C15混凝土压重	混凝土压重	C15混凝土	m³	57.06	(0.4+2.3)/2×12.076×3.5=57.06(m³)	0.4—C15混凝土压重梯形截面顶面边长；2.3—C15混凝土压重梯形截面底边长；12.076—C15混凝土压重梯形截面高度；3.5—C15混凝土压重长度	
13	500109001007	C20混凝土吊车梁柱	混凝土吊车梁柱	C20混凝土	m³	19.04	高程318.50m以下：0.6×0.6×10.6×4+0.4×0.4×1.7×2=15.81(m³) 高程318.50m以上：0.4×0.3×3.0×4+(0.5×0.4×2+0.1×2.1)×2.7+0.2×0.3×2×1.2=3.23(m³) 总清单工程量：15.81+3.23=19.04(m³)	高程318.50m以下：0.6—吊车梁柱（高程318.50m以下）边长；10.6—吊车梁柱（高程318.50m以下）高度；4—吊车梁柱（高程318.50m以下）个数；0.4—吊车梁柱（高程318.50m以下）横向支撑边长；1.7—吊车梁柱（高程318.50m以下）横向支撑长度；2—吊车梁柱（高程318.50m以下）横向支撑个数。高程318.50m以上：0.4—吊车梁柱（高程318.50m以上）长度；0.3—吊车梁柱（高程318.50m以上）宽度；3.0—吊车梁柱（高程318.50m以上）高度；4—吊车梁柱（高程318.50m以上）个数；0.5—吊车主梁高度；0.4—吊车主梁宽度；	

续表

序号	项目编码	项目名称	工程项目	项目特征描述	计算单位	工程量	计算过程	对应注释	备注
13	500109001007	C20混凝土吊车梁柱	混凝土吊车梁柱	C20混凝土	m³	19.04	高程318.50m以下：0.6×0.6×10.6×4+0.4×0.4×1.7×2=15.81(m³)；高程318.50m以上：0.4×0.3×3.0×4+(0.5×0.4×2+0.1×2.1)×2.7+0.2×0.3×2×1.2=3.23(m³)；总清单工程量=15.81+3.23=19.04(m³)	2——吊车主梁个数；0.1——起吊平台板厚度；2.1——起吊平台板宽度；2.7——吊车主梁和起吊平台长度；0.2——吊车次梁宽度；0.3——吊车次梁高度；1.2——吊车次梁长度；2——吊车次梁个数	
					钢筋、钢构件加工及安装工程				
14	500111001001	钢筋加工及安装	钢筋加工及安装		t	8.683	C20混凝土边坡支护锚筋清单钢筋工程量：39.00×5%=1.950(t)；C20混凝土基础钢筋清单工程量：9.17×3%=0.275(t)；C20钢筋混凝土进水口渐变段钢筋清单工程量：38.23×5%=1.912(t)；C20混凝土检修闸门工作闸门间防部分钢筋清单工程量：7.00×5%=0.350(t)；C20混凝土工作闸门后部分钢筋清单工程量：63.77×3%=1.913(t)；C15混凝土压重钢筋清单工程量：57.06×3%=1.712(t)；C20混凝土吊车梁柱钢筋清单工程量：19.04×3%=0.571(t)；钢筋制作及安装清单工程量：1.950+0.275+1.912+0.350+1.913+1.712+0.571=8.683(t)		
					金属结构及安装工程				
15	500202009001	卷扬式启闭机5t	卷扬式启闭机5t		台	1			

表 3-2　某塔式进水口工程量清单表

序号	项目编码	项目名称	计量单位	工程量
1		建筑工程		
1.1	500101	土方开挖工程		
1.1.1	500101002001	进水口土方开挖	m³	44.97
1.2	500102	石方开挖工程		
1.2.1	500102002001	进水口石方开挖	m³	348.53
1.3	500105	砌筑工程		
1.3.1	500105003001	进水口基础 M7.5 浆砌石回填	m³	23.73
1.3.2	500105008001	进水口基础 C20 预制混凝土块砌筑	m³	5.32
1.3.3	500105008002	进水口引水塔壁 C20 预制混凝土块砌筑	m³	81.21
1.4	500109	混凝土工程		
1.4.1	500109001001	C15 混凝土基础垫层	m³	17.33
1.4.2	500106011001	C20 混凝土边坡锚喷支护	m³	39.00
1.4.3	500109001002	C20 混凝土基础	m³	9.17
1.4.4	500109001003	C20 钢筋混凝土进水口渐变段	m³	38.23
1.4.5	500109001004	C20 混凝土检修闸门与工作闸门间的部分	m³	7.00
1.4.6	500109001005	C20 混凝土工作闸门后部分	m³	63.77
1.4.7	500109001006	C15 混凝土压重	m³	57.06
1.4.8	500109001007	C20 混凝土吊车梁柱	m³	19.04
1.5	500111	钢筋、钢构件加工及安装工程		
1.5.1	500111001001	钢筋加工及安装	t	8.683
2		金属结构及安装工程		
2.1.1	500202009001	卷扬式启闭机 5t	台	1

表3-3 定额工程量计算过程

工程名称：某塔式进水口工程

序号	项目名称	定额编号	分项工程名称	计算单位	工程量	计算过程	对应注释	备注
						土方开挖工程		
1	进水口土方开挖	10369	1m³挖掘机挖装土自卸汽车运输	100m³	0.4497	(8.369+0.5×2)×0.4×12.0 =44.97(m³) =0.4497(100m³)	8.369——进水口基础宽度； 0.5——进水口基础开挖超挖宽度； 0.4——进水口基础开挖土平均厚度； 12.0——进水口基础开挖长度	
						石方开挖工程		
2	进口石方开挖	20075	坡面保护层石方开挖	100m³	3.4853	(8.369+0.5×2)×3.1×12.0 =348.53(m³) =3.4853(100m³)	8.369——进水口基础宽度； 0.5——进水口基础开挖超挖宽度； 3.1——进水口基础开挖岩石平均厚度； 12.0——进水口基础开挖长度	
3		20419	1m³挖掘机装石渣汽车运输	100m³	3.4853	(8.369+0.5×2)×3.1×12.0 =348.53(m³) =3.4853(100m³)		
						砌筑工程		
4	进水口基础 M7.5浆砌块石回填	30020	浆砌块石	100m³	0.2373	(3.769+3.369)/2×1.9×3.5 =23.73(m³) =0.2373(100m³)	3.769——进水池基础浆砌石回填梯形体断面底宽； 3.369——进水池基础浆砌石回填梯形体断面顶宽； 1.9——进水池基础浆砌石回填梯形体断面高度； 3.5——进水池基础浆砌石回填体长度	
5	进水口基础C20预制混凝土块砌筑	30044	浆砌混凝土预制块	100m³	0.0532	0.4×2×1.9×3.5 =5.32(m³) =0.0532(100m³)	0.4——进水池基础预制混凝土块砌筑断面底宽； 2——进水池基础预制混凝土块砌筑个数； 1.9——进水池基础预制混凝土块砌筑高度； 3.5——进水池基础预制混凝土块砌筑体长度	

续表

序号	项目名称	定额编号	分项工程名称	计算单位	工程量	计算过程	对应注释	备注
6	进水口引水塔壁C20预制混凝土块砌筑	30046	浆砌混凝土预制块	100m³	0.8121	[(7.469-0.861)+4.1]/2×0.4×12.076×3.14=81.21(m³)=0.8121(100m³)	7.469-0.861——引水塔壁预制混凝土块砌筑底部半径； 4.1——引水塔壁预制混凝土块砌筑顶部半径； 0.4——引水塔壁预制混凝土块砌筑厚度； 12.076——引水塔壁预制混凝土块砌筑高度； 3.14——圆周率	
					混凝土工程			
7	C15混凝土基础垫层	40099	其他混凝土	100m³	0.1733	9.369×3.7×0.5=17.33(m³)=0.1733(100m³)	9.369——进水口混凝土垫层长度； 3.7——进水口基础混凝土垫层宽度； 0.5——进水口基础混凝土垫层厚度；	
8		40136	搅拌楼拌制混凝土	100m³	0.1733	9.369×3.7×0.5=17.33(m³)=0.1733(100m³)		
9		40167	自卸汽车运混凝土	100m³	0.1733	9.369×3.7×0.5=17.33(m³)=0.1733(100m³)		
10	C20混凝土边坡锚喷支护	40067	墩	100m³	0.39	0.3×13.0×10=39.00(m³)=0.39(100m³)	0.3——进水口基础混凝土边坡支护厚度； 13.0——进水口基础混凝土边坡支护长度； 10——进水口基础混凝土边坡支护高度	
11		40136	搅拌楼拌制混凝土	100m³	0.39	0.3×13.0×10=39.00(m³)=0.39(100m³)		
12		40167	自卸汽车运混凝土	100m³	0.39	0.3×13.0×10=39.00(m³)=0.39(100m³)		
13	C20混凝土基础	40099	其他混凝土	100m³	0.0917	6.51+2.66=9.17(m³)=0.0917(100m³)	6.51——基础1工程量； 2.66——基础2工程量	
14		40136	搅拌楼拌制混凝土	100m³	0.0917	6.51+2.66=9.17(m³)=0.0917(100m³)		
15		40167	自卸汽车运混凝土	100m³	0.0917	6.51+2.66=9.17(m³)=0.0917(100m³)		

续表

序号	项目名称	定额编号	分项工程名称	计算单位	工程量	计算过程	对应注释	备注
16	C20钢筋混凝土进水口渐变段	40062	明渠	100m³	0.3823	7.469×3.14×(1.6+0.7)×0.7 +0.15×0.9×3.5 =38.23(m³)=0.3823(100m³)	7.469——钢筋混凝土进水口渐变段长度; 1.6+0.7——钢筋混凝土进水口渐变段平均直径; 0.7——钢筋混凝土进水口渐变段混凝土厚度; 3.14——圆周率; 0.15——钢筋混凝土进水口栅板支撑厚度; 0.9——钢筋混凝土进水口栅板支撑宽度; 3.5——钢筋混凝土进水口栅板支撑长度	
17		40136	搅拌楼拌制混凝土	100m³	0.3823	7.469×3.14×(1.6+0.7)×0.7 +0.15×0.9×3.5=38.23(m³) =0.3823(100m³)		
18		40167	自卸汽车运混凝土	100m³	0.3823	7.469×3.14×(1.6+0.7)×0.7 +0.15×0.9×3.5=38.23(m³) =0.3823(100m³)		
19	C20混凝土检修闸门门1与工作闸门间的部分	40067	墩	100m³	0.6377	(1.0×2.5+1.2×13.1)×3.5 =63.77(m³) =0.6377(100m³)	1.0——闸室段工作闸门后混凝土宽度; 2.5——闸室段工作闸门后混凝土高度; 1.2——闸室段通气孔部位混凝土宽度; 13.1——闸室段通气孔部位混凝土高度; 3.5——闸室段混凝土长度	
20		40136	搅拌楼拌制混凝土	100m³	0.7077	7.00+63.77 =70.77(m³)=0.7077(100m³)		
21		40167	自卸汽车运混凝土	100m³	0.7077	7.00+63.77 =70.77(m³) =0.7077(100m³)		
22		40067	墩	100m³	0.5706	(0.4+2.3)/2×12.076×3.5 =57.06(m³) =0.5706(100m³)	0.4——C15混凝土压重梯形截面顶边长; 2.3——C15混凝土压重梯形截面底边长; 12.076——C15混凝土压重梯形截面高度; 3.5——C15混凝土压重长度	
23	C15混凝土压重	40136	搅拌楼拌制混凝土	100m³	0.5706	(0.4+2.3)/2×12.076×3.5 =57.06(m³) =0.5706(100m³)	0.4——C15混凝土压重梯形截面顶边长; 2.3——C15混凝土压重梯形截面底边长; 12.076——C15混凝土压重梯形截面高度; 3.5——C15混凝土压重长度	
24		40167	自卸汽车运混凝土	100m³	0.5706	(0.4+2.3)/2×12.076×3.5 =57.06(m³) =0.5706(100m³)		

序号	项目名称	定额编号	分项工程名称	计算单位	工程量	计算过程	对应注释	备注
25	C20混凝土吊车梁柱	40091	排架	100m³	0.1904	高程318.50m以下： 0.6×0.6×10.6×4+0.4×0.4×1.7×2=15.81(m³) 高程318.50m以上： 0.4×0.3×3.0×4+(0.5×0.4×2+0.1×2.1)×2.7+0.2×0.3×2×1.2=3.23(m³) 总清单工程量： 15.81+3.23=19.04(m³) =0.1904(100m³)	高程318.50m以下： 0.6——吊车梁柱（高程318.50m以下）边长； 10.6——吊车梁柱（高程318.50m以下）高度； 4——吊车梁柱（高程318.50m以下）个数；横向 0.4——吊车梁柱（高程318.50m以下）横向支撑边长； 1.7——吊车梁柱（高程318.50m以下）横向支撑长度； 2——吊车梁柱（高程318.50m以下）横向支撑个数； 高程318.50m以上： 0.4——吊车梁柱（高程318.50m以上）长度； 0.3——吊车梁柱（高程318.50m以上）宽度； 3.0——吊车梁柱（高程318.50m以上）高度； 4——吊车梁柱（高程318.50m以上）个数； 0.5——吊车主梁高度； 0.4——吊车主梁宽度； 2——吊车主梁个数； 0.1——起吊平台板厚度； 2.1——起吊平台板宽度； 2.7——吊车主梁和起吊平台长度； 0.2——吊车次梁高度； 0.3——吊车次梁宽度； 1.2——吊车次梁长度； 2——吊车次梁个数	
26		40136	搅拌楼拌制混凝土	100m³	0.1904	高程318.50m以下： 0.6×0.6×10.6×4+0.4×0.4×1.7×2=15.81(m³) 高程318.50m以上： 0.4×0.3×3.0×4+(0.5×0.4×2+0.1×2.1)×2.7+0.2×0.3×2×1.2=3.23(m³) 总清单工程量： 15.81+3.23=19.04(m³) =0.1904(100m³)		
27		40167	自卸汽车运混凝土	100m³	0.1904	高程318.50m以下： 0.6×0.6×10.6×4+0.4×0.4×1.7×2=15.81(m³) 高程318.50m以上： 0.4×0.3×3.0×4+(0.5×0.4×2+0.1×2.1)×2.7+0.2×0.3×2×1.2=3.23(m³) 总清单工程量： 15.81+3.23=19.04(m³) =0.1904(100m³)		
						钢筋、钢构件加工及安装工程		
28	钢筋加工及安装	40289	钢筋加工及安装	t	8.683	1.950+0.275+1.912+0.350+1.913+1.712+0.571=8.683(t)		
						金属结构及安装工程		
29	卷扬式启闭机 5t	11063	卷扬式启闭机 5t	台	1			

表 3-4　分部分项工程工程量清单计价表

序号	项目编码	项目名称	计量单位	工程量	单价/元	合价/元
1		建筑工程				
1.1	500101	土方开挖工程				
1.1.1	500101002001	进水口土方开挖	m³	44.97	28.89	1299.16
1.2	500102	石方开挖工程				
1.2.1	500102002001	进水口石方开挖	m³	348.53	159.86	55717.09
1.3	500105	砌筑工程				
1.3.1	500105003001	进水口基础 M7.5 浆砌石回填	m³	23.73	245.60	5828.06
1.3.2	500105008001	进水口基础 C20 预制混凝土块砌筑	m³	5.32	297.38	1582.04
1.3.3	500105008002	进水口引水塔壁 C20 预制混凝土块砌筑	m³	81.21	295.16	23970.34
1.4	500109	混凝土工程				
1.4.1	500109001001	C15 混凝土基础垫层	m³	17.33	403.01	6984.23
1.4.2	500106011001	C20 混凝土边坡锚喷支护	m³	39.00	419.11	16345.13
1.4.3	500109001002	C20 混凝土基础	m³	9.17	424.59	3893.49
1.4.4	500109001003	C20 钢筋混凝土进水口渐变段	m³	38.23	448.05	17128.80
1.4.5	500109001004	C20 混凝土检修闸门与工作闸门之间部分	m³	63.77	419.11	26726.38
1.4.6	500109001005	C15 混凝土压重	m³	57.06	397.54	22683.63
1.4.7	500109001006	C20 混凝土吊车梁柱	m³	19.04	442.22	8419.88
1.5	500111	钢筋、钢构件加工及安装工程				
1.5.1	500111001001	钢筋加工及安装	t	8.683	7689.82	66770.71
2		金属结构及安装工程				
2.1.1	500202009001	卷扬式启闭机 5t	台	1	11780.85	11780.85
		合计				269129.75

表 3-5　工程单价汇总

序号	项目编码	项目名称	计量单位	人工费/元	材料费/元	机械费/元	施工管理费和利润/元	税金/元
1		建筑工程						
1.1	500101	土方开挖工程						
1.1.1	500101002001	进水口土方开挖	100m³	20.37	82.73	2047.93	646.23	91.86
1.2	500102	石方开挖工程						
1.2.1	500102002001	进水口石方开挖	100m³	1976.33	7421.53	2504.63	3575.81	508.31

序号	项目编码	项目名称	计量单位	人工费/元	材料费/元	机械费/元	施工管理费和利润/元	税金/元
1.3	500105	砌筑工程						
1.3.1	500105003001	进水口基础 M7.5 浆砌石回填	100m³	2683.61	15309.57	291.87	5493.50	780.89
1.3.2	500105008001	进水口基础 C20 预制混凝土块砌筑	100m³	2711.28	19248.36	180.80	6651.53	945.53
1.3.3	500105008002	进水口引水塔壁 C20 预制混凝土块砌筑	100m³	2667.00	19131.14	177.48	6602.02	938.49
1.4	500109	混凝土工程						
1.4.1	500109001001	C15 混凝土基础垫层	100m³	1996.46	22588.42	4481.26	9953.53	1281.41
1.4.2	500106011001	C20 混凝土边坡支护	100m³	2123.87	24185.10	3955.81	10313.63	1332.59
1.4.3	500109001002	C20 混凝土基础	100m³	1996.46	24194.79	4481.26	10436.13	1350.01
1.4.4	500109001003	C20 钢筋混凝土进水口渐变段	100m³	3086.01	24661.33	4671.71	10960.89	1424.60
1.4.5	500109001004	C20 混凝土检修闸门与工作闸门间的部分	100m³	2123.87	24185.10	3955.81	10313.63	1332.59
1.4.6	500109001005	C15 混凝土压重	100m³	2123.87	22578.73	3955.81	9831.04	1263.99
1.4.7	500109001006	C20 混凝土吊车梁柱	100m³	3858.08	24437.97	3689.46	10830.58	1406.08
1.5	500111	钢筋、钢构件加工及安装工程						
1.5.1	500111001001	钢筋加工及安装	t	550.43	4854.36	320.51	1720.02	244.50
2		金属结构及安装工程						
2.1.1	500202009001	卷扬式启闭机 5t	台	2630.99	1089.97	1074.51	6610.80	374.58

表 3-6　工程量清单综合单价分析（一）

工程名称：某小型水库引水口工程　　　　　　　　　　　　　　　　第　页　共　页

项目编码	500101002001		项目名称		溢洪道　泄槽段土方开挖			计量单位		m³

清单综合单价组成明细

定额编号	定额名称	定额单位	数量	单价/元				合价/元			
				人工费	材料费	机械费	管理费和利润	人工费	材料费	机械费	管理费和利润
10369	1m³ 挖掘机挖装土自卸汽车运输	100m³	44.97/44.97=1	20.37	82.73	2047.93	646.23	20.37	82.73	2047.93	646.23
人工单价					小计			20.37	82.73	2047.93	646.23
3.04 元/工时（初级工）					未计材料费			—			
清单项目综合单价								2797.26/100=27.97			

材料费明细	主要材料名称、规格、型号			单位	数量	单价/元	合价/元	暂估单价/元	暂估合价/元
	其他材料费						82.73		
	材料费小计						82.73		

表 3-7　工程量清单综合单价分析（二）

工程名称：某小型水库引水口工程　　　　　　　　　　　　第　页　共　页

项目编码	500102002001	项目名称	进水口石方开挖	计量单位	m³

清单综合单价组成明细

定额编号	定额名称	定额单位	数量	单价/元				合价/元			
				人工费	材料费	机械费	管理费和利润	人工费	材料费	机械费	管理费和利润
20075	坡面保护层石方开挖	100m³	348.53/348.53=1	1955.96	7338.80	456.70	2929.58	1955.96	7338.80	456.70	2929.58
20419	1m³挖掘机装装石渣汽车运输	100m³	348.53/348.53=1	20.37	82.73	2047.93	646.23	20.37	82.73	2047.93	646.23
人工单价				小计				1976.33	7421.53	2504.63	3575.81
3.04元/工时（初级工）5.62元/工时（中级工）7.11元/工时（工长）				未计材料费				—			
清单项目综合单价								15478.30/100=154.78			

材料费明细	主要材料名称、规格、型号	单位	数量	单价/元	合价/元	暂估单价/元	暂估合价/元
	合金钻头	个	3.35	50	167.50		
	炸药	kg	49.11	20	982.20		
	火雷管	个	334.08	10	3340.80		
	导火线	m	486.58	5	2432.90		
	其他材料费				498.13		
	材料费小计				7421.53		

表 3-8　工程量清单综合单价分析（三）

工程名称：某小型水库引水口工程　　　　　　　　　　　　第　页　共　页

项目编码	500105003001	项目名称	进水口基础M7.5浆砌石	计量单位	m³

清单综合单价组成明细

定额编号	定额名称	定额单位	数量	单价/元				合价/元			
				人工费	材料费	机械费	管理费和利润	人工费	材料费	机械费	管理费和利润
30020	浆砌块石-基础	100m³	23.73/23.73=1	2683.61	15309.57	291.87	5493.50	2683.61	15309.57	291.87	5493.50
人工单价				小计				2683.61	15309.57	291.87	5493.50
3.04元/工时（初级工）5.62元/工时（中级工）7.11元/工时（工长）				未计材料费				—			
清单项目综合单价								23778.55/100=237.79			

续表

材料费明细	主要材料名称、规格、型号	单位	数量	单价/元	合价/元	暂估单价/元	暂估合价/元
	块石	m³	108	67.61	7301.88		
	砂浆	m³	34.0	233.28	7931.52		
	其他材料费				76.17		
	材料费小计				15309.57		

表 3-9　工程量清单综合单价分析（四）

工程名称：某小型水库引水口工程　　　　　　　　　第　页 共　页

项目编码	500105008001	项目名称	进水口基础C20预制混凝土块砌筑	计量单位	m³

清单综合单价组成明细

定额编号	定额名称	定额单位	数量	单价/元				合价/元			
				人工费	材料费	机械费	管理费和利润	人工费	材料费	机械费	管理费和利润
30044	浆砌混凝土预制块-护坡护底	100m³	5.32/5.32=1	2711.28	19248.36	180.80	6651.53	2711.28	19248.36	180.80	6651.53
人工单价					小计			2711.28	19248.36	180.80	6651.53
3.04 元/工时（初级工）5.62 元/工时（中级工）7.11 元/工时（工长）					未计材料费			—			
清单项目综合单价								28791.97/100=287.92			

材料费明细	主要材料名称、规格、型号	单位	数量	单价/元	合价/元	暂估单价/元	暂估合价/元
	混凝土块	m³	92	167.61	15420.12		
	砂浆	m³	16.0	233.28	3732.48		
	其他材料费				95.76		
	材料费小计				19248.36		

表 3-10　工程量清单综合单价分析（五）

工程名称：某小型水库引水口工程　　　　　　　　　第　页 共　页

项目编码	500105008002	项目名称	进水口引水塔壁C20预制混凝土块砌筑	计量单位	m³

清单综合单价组成明细

定额编号	定额名称	定额单位	数量	单价/元				合价/元			
				人工费	材料费	机械费	管理费和利润	人工费	材料费	机械费	管理费和利润
30046	浆砌混凝土预制块-桥台	100m³	81.21/81.21=1	2667.00	19131.14	177.48	6602.02	2667.00	19131.14	177.48	6602.02
人工单价					小计			2667.00	19131.14	177.48	6602.02

3.04 元/工时（初级工） 5.62 元/工时（中级工） 7.11 元/工时（工长）	未计材料费	—
清单项目综合单价		28577.64/100=285.78

	主要材料名称、规格、型号	单位	数量	单价/元	合价/元	暂估单价/元	暂估合价/元
材料费明细	块石	m³	92	167.61	15420.12		
	砂浆	m³	15.5	233.28	3615.84		
	其他材料费				95.18		
	材料费小计				19131.14		

表 3-11　工程量清单综合单价分析（六）

工程名称：某小型水库引水口工程　　　　　　　　　　　　　第　页　共　页

项目编码	500109001001	项目名称	混凝土边坡支护	计量单位	m³

清单综合单价组成明细

定额编号	定额名称	定额单位	数量	单价/元				合价/元			
				人工费	材料费	机械费	管理费和利润	人工费	材料费	机械费	管理费和利润
40136	搅拌楼拌制混凝土	100m³	17.33/17.33=1	199.10	105.31	1907.12	664.40	199.10	105.31	1907.12	664.40
40167	自卸汽车运混凝土	100m³	17.33/17.33=1	100.05	84.18	1583.55	531.08	100.05	84.18	1583.55	531.08
40099	其他混凝土	100m³	17.33/17.33=1	1697.31	22398.93	990.59	8758.05	1697.31	22398.93	990.59	8758.05
人工单价					小计			1996.46	22588.42	4481.26	9953.53

3.04 元/工时（初级工） 5.62 元/工时（中级工） 6.61 元/工时（高级工） 7.11 元/工时（工长）	未计材料费	—
清单项目综合单价		39019.67/100=390.20

	主要材料名称、规格、型号	单位	数量	单价/元	合价/元	暂估单价/元	暂估合价/元
材料费明细	混凝土　C15	m³	103	212.98	21936.94		
	水	m³	120	0.19	22.80		
	其他材料费				628.68		
	材料费小计				22588.42		

表 3-12　**工程量清单综合单价分析（七）**

工程名称：某小型水库引水口工程　　　　　　　　　　　　　　第　　页　共　　页

项目编码	500106011001		项目名称		混凝土边坡支护		计量单位		m³

清单综合单价组成明细

定额编号	定额名称	定额单位	数量	单价/元				合价/元			
				人工费	材料费	机械费	管理费和利润	人工费	材料费	机械费	管理费和利润
40136	搅拌楼拌制混凝土	100m³	39.00/39.00=1	199.10	105.31	1907.12	664.40	199.10	105.31	1907.12	664.40
40167	自卸汽车运混凝土	100m³	39.00/39.00=1	100.05	84.18	1583.55	531.08	100.05	84.18	1583.55	531.08
40067	墩	100m³	39.00/39.00=1	1824.72	23995.61	465.14	9118.15	1824.72	23995.61	465.14	9118.15
人工单价				小计				2123.87	24183.04	3955.81	10313.63
3.04 元/工时（初级工） 5.62 元/工时（中级工） 6.61 元/工时（高级工） 7.11 元/工时（工长）				未计材料费				—			
清单项目综合单价								40578.41/100=405.78			

材料费明细	主要材料名称、规格、型号	单位	数量	单价/元	合价/元	暂估单价/元	暂估合价/元
	混凝土　C20	m³	103	228.27	23511.81		
	水	m³	70	0.19	13.30		
	其他材料费				659.99		
	材料费小计				24185.10		

表 3-13　**工程量清单综合单价分析（八）**

工程名称：某小型水库引水口工程　　　　　　　　　　　　　　第　　页　共　　页

项目编码	500109001002		项目名称		C20 混凝土基础		计量单位		m³

清单综合单价组成明细

定额编号	定额名称	定额单位	数量	单价/元				合价/元			
				人工费	材料费	机械费	管理费和利润	人工费	材料费	机械费	管理费和利润
40136	搅拌楼拌制混凝土	100m³	9.17/9.17=1	199.10	105.31	1907.12	664.40	199.10	105.31	1907.12	664.40
40167	自卸汽车运混凝土	100m³	9.17/9.17=1	100.05	84.18	1583.55	531.08	100.05	84.18	1583.55	531.08
40099	其他混凝土	100m³	9.17/9.17=1	1697.31	24005.30	990.59	9240.65	1697.31	24005.30	990.59	9240.65
人工单价				小计				1996.46	24194.79	4481.26	10436.13
3.04 元/工时（初级工） 5.62 元/工时（中级工） 6.61 元/工时（高级工） 7.11 元/工时（工长）				未计材料费				—			
清单项目综合单价								41108.64/100=411.09			

续表

材料费明细	主要材料名称、规格、型号	单位	数量	单价/元	合价/元	暂估单价/元	暂估合价/元
	混凝土 C20	m³	103	228.27	23511.81		
	水	m³	70	0.19	13.30		
	其他材料费				669.68		
	材料费小计				24194.79		

表 3-14 工程量清单综合单价分析（九）

工程名称：某小型水库引水口工程　　　　　　　　　　　第　　页　共　　页

项目编码	500109001003	项目名称	C20 钢筋混凝土进水口渐变段	计量单位	m³

清单综合单价组成明细

定额编号	定额名称	定额单位	数量	单价/元				合价/元			
				人工费	材料费	机械费	管理费和利润	人工费	材料费	机械费	管理费和利润
40136	搅拌楼拌制混凝土	100m³	38.23/38.23=1	199.10	105.31	1907.12	664.40	199.10	105.31	1907.12	664.40
40167	自卸汽车运混凝土	100m³	38.23/38.23=1	100.05	84.18	1583.55	531.08	100.05	84.18	1583.55	531.08
40062	明渠	100m³	38.23/38.23=1	2786.86	24471.84	1181.04	9765.41	2786.86	24471.84	1181.04	9765.41
人工单价					小计			3086.01	24661.33	4671.71	10960.89
3.04 元/工时（初级工） 5.62 元/工时（中级工） 6.61 元/工时（高级工） 7.11 元/工时（工长）					未计材料费			—			
清单项目综合单价								43379.94/100=433.80			

材料费明细	主要材料名称、规格、型号	单位	数量	单价/元	合价/元	暂估单价/元	暂估合价./元
	混凝土 C25	m³	103	234.98	24202.94		
	水	m³	140	0.19	26.60		
	其他材料费				431.79		
	材料费小计				24661.33		

表3-15　工程量清单综合单价分析（十）

工程名称：某小型水库引水口工程　　　　　　　　　　　　　第　　页　共　　页

项目编码	500109001004	项目名称	C20混凝土检修闸门与工作闸门之间部分	计量单位	m³

清单综合单价组成明细

定额编号	定额名称	定额单位	数量	单价/元				合价/元			
				人工费	材料费	机械费	管理费和利润	人工费	材料费	机械费	管理费和利润
40136	搅拌楼拌制混凝土	100m³	63.77/63.77=1	199.10	105.31	1907.12	664.40	199.10	105.31	1907.12	664.40
40167	自卸汽车运混凝土	100m³	63.77/63.77=1	100.05	84.18	1583.55	531.08	100.05	84.18	1583.55	531.08
40067	墩	100m³	63.77/63.77=1	1824.72	23995.61	465.14	9118.15	1824.72	23995.61	465.14	9118.15
人工单价					小计			2123.87	24185.10	3955.81	10313.63
3.04元/工时（初级工） 5.62元/工时（中级工） 6.61元/工时（高级工） 7.11元/工时（工长）					未计材料费						
清单项目综合单价								40578.41/100=405.78			

材料费明细	主要材料名称、规格、型号	单位	数量	单价/元	合价/元	暂估单价/元	暂估合价/元
	混凝土　C20	m³	103	228.27	23511.81		
	水	m³	70	0.19	13.30		
	其他材料费				659.99		
	材料费小计				24185.10		

表3-16　工程量清单综合单价分析（十一）

工程名称：某小型水库引水口工程　　　　　　　　　　　　　第　　页　共　　页

项目编码	500109001005	项目名称	C15混凝土压重	计量单位	m³

清单综合单价组成明细

定额编号	定额名称	定额单位	数量	单价/元				合价/元			
				人工费	材料费	机械费	管理费和利润	人工费	材料费	机械费	管理费和利润
40136	搅拌楼拌制混凝土	100m³	57.06/57.06=1	199.10	105.31	1907.12	664.40	199.10	105.31	1907.12	664.40
40167	自卸汽车运混凝土	100m³	57.06/57.06=1	100.05	84.18	1583.55	531.08	100.05	84.18	1583.55	531.08
40067	墩	100m³	57.06/57.06=1	1824.72	22389.24	465.14	8635.56	1824.72	22389.24	465.14	8635.56

续表

人工单价				小计	2123.87	22578.73	3955.81	9831.04
3.04 元/工时（初级工） 5.62 元/工时（中级工） 6.61 元/工时（高级工） 7.11 元/工时（工长）				未计材料费		—		
清单项目综合单价						38489.45/100=384.90		

	主要材料名称、规格、型号	单位	数量	单价/元	合价/元	暂估单价/元	暂估合价/元
材料费明细	混凝土　C15	m³	103	212.98	21936.94		
	水	m³	70	0.19	13.30		
	其他材料费				628.49		
	材料费小计				22578.73		

表 3-17　工程量清单综合单价分析（十二）

工程名称：某小型水库引水口工程　　　　　　　　　　第　页　共　页

项目编码	500109001006	项目名称		C20 混凝土吊车梁柱		计量单位	m³

清单综合单价组成明细

定额编号	定额名称	定额单位	数量	单价/元				合价/元			
				人工费	材料费	机械费	管理费和利润	人工费	材料费	机械费	管理费和利润
40136	搅拌楼拌制混凝土	100m³	19.04/19.04=1	199.10	105.31	1907.12	664.40	199.10	105.31	1907.12	664.40
40167	自卸汽车运混凝土	100m³	19.04/19.04=1	100.05	84.18	1583.55	531.08	100.05	84.18	1583.55	531.08
40091	排架	100m³	19.04/19.04=1	3558.93	24248.48	198.79	9635.10	3558.93	24248.48	198.79	9635.10

人工单价				小计	3858.08	24437.97	3689.46	10830.58
3.04 元/工时（初级工） 5.62 元/工时（中级工） 6.61 元/工时（高级工） 7.11 元/工时（工长）				未计材料费		—		
清单项目综合单价						42816.09/100=428.16		

	主要材料名称、规格、型号	单位	数量	单价/元	合价/元	暂估单价/元	暂估合价/元
材料费明细	混凝土　C20	m³	103	228.27	23511.81		
	水	m³	160	0.19	30.40		
	其他材料费				895.76		
	材料费小计				24437.97		

表 3-18　工程量清单综合单价分析（十三）

工程名称：某小型水库引水口工程　　　　　　　　　　　　　　　　第　页　共　页

项目编码	500111001001	项目名称	钢筋加工及安装	计量单位	t

清单综合单价组成明细

定额编号	定额名称	定额单位	数量	单价/元				合价/元			
				人工费	材料费	机械费	管理费和利润	人工费	材料费	机械费	管理费和利润
40289	钢筋制作与安装	t	8.683/8.683=1	550.43	4854.36	320.51	1720.02	550.43	4854.36	320.51	1720.02
人工单价					小计			550.43	4854.36	320.51	1720.02
3.04 元/工时（初级工） 5.62 元/工时（中级工） 6.61 元/工时（高级工） 7.11 元/工时（工长）				未计材料费				—			
清单项目综合单价								7445.32			

材料费明细	主要材料名称、规格、型号	单位	数量	单价/元	合价/元	暂估单价/元	暂估合价/元
	钢筋	t	1.02	4644.48	4737.37		
	铁丝	kg	4.00	5.50	22.00		
	电焊条	kg	7.22	6.50	46.93		
	其他材料费				48.06		
	材料费小计				4854.36		

表 3-19　工程量清单综合单价分析（十四）

工程名称：某小型水库引水口工程　　　　　　　　　　　　　　　　第　页　共　页

项目编码	500202009001	项目名称	工程设备安装	计量单位	台

清单综合单价组成明细

定额编号	定额名称	定额单位	数量	单价/元				合价/元			
				人工费	材料费	机械费	管理费和利润	人工费	材料费	机械费	管理费和利润
11063	卷扬式启闭机	台	1/1=1	2630.99	1089.97	1074.51	6610.80	2630.99	1089.97	1074.51	6610.80
人工单价					小计			2630.99	1089.97	1074.51	6610.80
3.04 元/工时（初级工） 5.62 元/工时（中级工） 6.61 元/工时（高级工） 7.11 元/工时（工长）				未计材料费				—			
清单项目综合单价								11406.27			

续表

	主要材料名称、规格、型号	单位	数量	单价/元	合价/元	暂估单价/元	暂估合价/元
材料费明细	钢板	kg	21	4.60	96.60		
	型钢	kg	49	5.00	245.00		
	垫铁	kg	21	5.50	115.50		
	氧气	m^3	11	4.00	44.00		
	乙炔气	m^3	5	7.00	35.00		
	电焊条	kg	4	6.50	26.00		
	汽油 70#	kg	5	9.67	48.40		
	柴油 0#	kg	7	8.80	61.60		
	油漆	kg	5	10.00	50.00		
	绝缘线	m	25	6.50	162.50		
	木材	m^3	0.2	0.50	0.10		
	破布	kg	1	0.80	0.80		
	棉纱头	kg	3	2.30	6.90		
	机油	kg	3	7.80	23.40		
	黄油	kg	4	8.00	32.00		
	其他材料费				142.17		
	材料费小计				1089.97		

水利建筑工程预算单价计算见表 3-20～表 3-36。

表 3-20 水利建筑工程预算单价计算表（一）

进水口土方开挖

1m^3 挖掘机挖装土自卸汽车运输					
定额编号	水利部：10369	单价号	500101002001	单位：100m^3	
适用范围：Ⅲ类土、露天作业					
工作内容：挖装、运输、卸除、空回					
编号	名称及规格	单位	数量	单价/元	合计/元
一	直接工程费				2398.40
1	直接费				2151.03
1-1	人工费				20.37
	初级工	工时	6.7	3.04	20.37
1-2	材料费				82.73
	零星材料费	%	4	2068.30	82.73
1-3	机械费				2047.93

编号	名称及规格	单位	数量	单价/元	合计/元
	挖掘机 1m³	台时	1.00	209.58	209.58
	推土机 59kW	台时	0.50	111.73	55.87
	自卸汽车 8t	台时	13.38	133.22	1782.48
2	其他直接费	%	2.50	2151.03	53.78
3	现场经费	%	9.00	2151.03	193.59
二	间接费	%	9.00	2398.36	215.86
三	企业利润	%	7.00	2614.22	183.00
四	税金	%	3.284	2797.22	91.86
五	其他				
六	合计				2889.11

表 3-21　水利建筑工程预算单价计算表（二）

进水口石方开挖

坡面保护层石方开挖				
定额编号	水利部：20075	单价号	500102002001	单位：100m³

适用范围：设计倾角 20°～40°

工作内容：钻孔、爆破、撬移、解小、翻渣、清面

编号	名称及规格	单位	数量	单价/元	合计/元
一	直接工程费				10872.88
1	直接费				9751.46
1-1	人工费				1955.96
	工长	工时	10.5	7.11	74.66
	中级工	工时	125.9	5.62	707.56
	初级工	工时	386.1	3.04	1173.74
1-2	材料费				7338.80
	合金钻头	个	3.35	50	167.50
	炸药	kg	49.11	20	982.20
	火雷管	个	334.08	10	3340.80
	导火线	m	486.58	5	2432.90
	其他材料费	%	6	6923.40	415.40
1-3	机械费				456.70
	风钻手持式	台时	14.14	30.47	430.85

编号	名称及规格	单位	数量	单价/元	合计/元
	其他机械费	%	6	430.85	25.85
2	其他直接费	%	2.50	9751.46	243.79
3	现场经费	%	9.00	9751.46	877.63
二	间接费	%	9.00	10872.88	978.56
三	企业利润	%	7.00	11851.44	829.60
四	税金	%	3.284	12681.04	416.45
五	其他				
六	合计				13097.97

表 3-22　水利建筑工程预算单价计算表（三）

进水口石方开挖

1m³ 挖掘机装石渣汽车运输（运距：3km）

定额编号	水利部：20419		单价号	500102002001	单位：100m³	

工作内容：挖装、运输、卸除、空回

编号	名称及规格	单位	数量	单价/元	合计/元
一	直接工程费				2398.40
1	直接费				2151.03
1-1	人工费				20.37
	初级工	工时	6.7	3.04	20.37
1-2	材料费				82.73
	零星材料费	%	4	2068.30	82.73
1-3	机械费				2047.93
	挖掘机 1m³	台时	1.00	209.58	209.58
	推土机 59kW	台时	0.50	111.73	55.87
	自卸汽车 8t	台时	13.38	133.22	1782.48
2	其他直接费	%	2.50	2151.03	53.78
3	现场经费	%	9.00	2151.03	193.59
二	间接费	%	9.00	2398.36	215.86
三	企业利润	%	7.00	2614.22	183.00
四	税金	%	3.284	2797.22	91.86
五	其他				
六	合计				2889.11

表 3-23　水利建筑工程预算单价计算表（四）

进水口基础 M7.5 浆砌石回填

			浆砌块石-基础		
定额编号	水利部：30020		单价号	500105003001	单位：100m³
工作内容：选石、修石、冲洗、拌浆、砌石、勾缝					
编号	名称及规格	单位	数量	单价/元	合计/元
一	直接工程费				20387.82
1	直接费				18285.04
1-1	人工费				2683.61
	工长	工时	13.3	7.11	94.56
	中级工	工时	236.2	5.62	1327.44
	初级工	工时	415.0	3.04	1261.60
1-2	材料费				15309.57
	块石	m³	108	67.61	7301.88
	砂浆	m³	34.0	233.28	7931.52
	其他材料费	%	0.5	15233.40	76.17
1-3	机械费				291.87
	砂浆搅拌机 0.4m³	台时	6.12	24.82	151.90
	胶轮车	台时	155.52	0.90	139.97
2	其他直接费	%	2.50	18285.04	457.18
3	现场经费	%	9.00	18285.04	1645.83
二	间接费	%	9.00	20387.82	1834.90
三	企业利润	%	7.00	22222.72	1555.59
四	税金	%	3.284	23778.31	780.88
五	其他				
六	合计				24559.19

表 3-24　水利建筑工程预算单价计算表（五）

进水口基础 C20 预制混凝土块砌筑

			浆砌混凝土预制块——护坡护底		
定额编号	水利部：30044		单价号	500105008001	单位：100m³
工作内容：冲洗、拌浆、砌筑、勾缝					
编号	名称及规格	单位	数量	单价/元	合计/元
一	直接工程费				24686.60
1	直接费				22140.45
1-1	人工费				2711.28

编号	名称及规格	单位	数量	单价/元	合计/元
	工长	工时	13.2	7.11	93.85
	中级工	工时	253.8	5.62	1426.36
	初级工	工时	391.8	3.04	1191.07
1-2	材料费				19248.36
	混凝土块	m³	92	167.61	15420.12
	砂浆	m³	16.0	233.28	3732.48
	其他材料费	%	0.5	19152.60	95.76
1-3	机械费				180.80
	砂浆搅拌机 0.4m³	台时	2.88	24.82	71.48
	胶轮车	台时	121.47	0.90	109.32
2	其他直接费	%	2.50	22140.45	553.51
3	现场经费	%	9.00	22140.45	1992.64
二	间接费	%	9.00	24686.60	2221.79
三	企业利润	%	7.00	26908.39	1883.59
四	税金	%	3.284	28791.98	945.53
五	其他				
六	合计				29737.51

表 3-25　水利建筑工程预算单价计算表（六）

进水口引水塔壁 C20 预制混凝土块砌筑

浆砌混凝土预制块——桥台

定额编号	水利部：30046	单价号	500105008002	单位：100m³

工作内容：冲洗、拌浆、砌筑、勾缝

编号	名称及规格	单位	数量	单价/元	合计/元
一	直接工程费				24502.82
1	直接费				21975.62
1-1	人工费				2667.00
	工长	工时	13.0	7.11	92.43
	中级工	工时	248.5	5.62	1396.57
	初级工	工时	387.5	3.04	1178.00
1-2	材料费				19131.14
	块石	m³	92	167.61	15420.12
	砂浆	m³	15.5	233.28	3615.84

编号	名称及规格	单位	数量	单价/元	合计/元
	其他材料费	%	0.5	19035.96	95.18
1-3	机械费				177.48
	砂浆搅拌机 0.4m³	台时	2.79	24.82	69.25
	胶轮车	台时	120.26	0.90	108.23
2	其他直接费	%	2.50	21975.62	549.39
3	现场经费	%	9.00	21975.62	1977.81
二	间接费	%	9.00	24502.82	2205.25
三	企业利润	%	7.00	26708.07	1869.57
四	税金	%	3.284	28577.64	938.49
五	其他				
六	合计				29516.13

表 3-26　水利建筑工程预算单价计算表（七）

C15 混凝土基础垫层

<table>
<tr><td colspan="6" align="center">其他混凝土</td></tr>
<tr><td>定额编号</td><td colspan="2">水利部：40099</td><td>单价号</td><td colspan="2">500109001001　　　　单位：100m³</td></tr>
</table>

适用范围：基础，包括排架基础、一般设备基础等

编号	名称及规格	单位	数量	单价/元	合计/元
一	直接工程费				32504.76
1	直接费				29152.25
1-1	人工费				1697.31
	工长	工时	10.9	7.11	77.50
	高级工	工时	18.1	6.61	119.64
	中级工	工时	188.5	5.62	1059.37
	初级工	工时	145.0	3.04	440.80
1-2	材料费				22398.93
	混凝土 C15	m³	103	212.98	21936.94
	水	m³	120	0.19	22.80
	其他材料费	%	2.0	21959.74	439.19
1-3	机械费				990.59
	振动器 1.1kW	台时	20.00	2.27	45.40
	风水枪	台时	26.00	32.89	855.14

编号	名称及规格	单位	数量	单价/元	合计/元
	其他机械费	%	10.00	900.54	90.05
1-4	嵌套项				4065.41
	混凝土拌制	m³	103	21.79	2244.37
	混凝土运输	m³	103	17.68	1821.04
2	其他直接费	%	2.50	29152.25	728.81
3	现场经费	%	9.00	29152.25	2623.70
二	间接费	%	9.00	32504.76	2925.43
三	企业利润	%	7.00	35430.19	2480.11
四	税金	%	3.284	37910.30	1244.97
五	其他				
六	合计				39155.27

表 3-27　水利建筑工程预算单价计算表（八）

C15 混凝土基础垫层

搅拌楼拌制混凝土

定额编号	水利部：40136		单价号	500109001001	单位：100m³

工作内容：场内配运水泥、骨料，投料、加水、加外加剂、搅拌、出料、清洗

编号	名称及规格	单位	数量	单价/元	合计/元
一	直接工程费				2465.85
1	直接费				2211.52
1-1	人工费				199.10
	工长	工时	2.3	7.11	16.35
	高级工	工时	2.3	6.61	15.20
	中级工	工时	17.1	5.62	96.10
	初级工	工时	23.5	3.04	71.44
1-2	材料费				105.31
	零星材料费	%	5.0	2106.21	105.31
1-3	机械费				1907.12
	搅拌楼	台时	2.87	214.71	616.22
	骨料系统	组时	2.87	326.23	936.28
	水泥系统	组时	2.87	123.56	354.62
2	其他直接费	%	2.50	2211.52	55.29

编号	名称及规格	单位	数量	单价/元	合计/元
3	现场经费	%	9.00	2211.52	199.04
二	间接费	%	9.00	2465.85	221.93
三	企业利润	%	7.00	2687.78	188.14
四	税金	%	3.284	2875.92	94.45
五	其他				
六	合计				2970.36

注：本项小型水库引水口工程混凝土拌制均采用表 3-27 预算单价。

表 3-28　水利建筑工程预算单价计算表（九）

C15 混凝土基础垫层

自卸汽车运混凝土

定额编号	水利部：40167	单价号	500109001001	单位：100m³	

适用范围：配合搅拌楼或设有贮料箱装车

工作内容：装车、运输、卸料、空回、清洗

编号	名称及规格	单位	数量	单价/元	合计/元
一	直接工程费				1971.08
1	直接费				1767.78
1-1	人工费				100.05
	中级工	工时	13.8	5.62	77.56
	初级工	工时	7.4	3.04	22.50
1-2	材料费				84.18
	零星材料费	%	5.0	1683.60	84.18
1-3	机械费				1583.55
	自卸汽车 5t	台时	15.30	103.50	1583.55
2	其他直接费	%	2.50	1767.78	44.19
3	现场经费	%	9.00	1767.78	159.10
二	间接费	%	9.00	1971.08	177.40
三	企业利润	%	7.00	2148.47	150.39
四	税金	%	3.284	2298.87	75.49
五	其他				
六	合计				2374.36

注：本项小型水库引水口工程混凝土运输均采用表 3-28 预算单价。

表 3-29 水利建筑工程预算单价计算表（十）

混凝土边坡支护

			墩			
定额编号	水利部：40067		单价号	500106011001		单位：100m³
编号	名称及规格	单位	数量	单价/元		合计/元
一	直接工程费					33841.23
1	直接费					30350.88
1-1	人工费					1824.72
	工长	工时	11.7	7.11		83.19
	高级工	工时	15.5	6.61		102.46
	中级工	工时	209.7	5.62		1178.51
	初级工	工时	151.5	3.04		460.56
1-2	材料费					23995.61
	混凝土 C20	m³	103	228.27		23511.81
	水	m³	70	0.19		13.30
	其他材料费	%	2.0	23525.11		470.50
1-3	机械费					465.14
	振动器 1.1kW	台时	20.00	2.27		45.40
	变频机组 8.5kV·A	台时	10.00	17.25		172.50
	风水枪	台时	5.36	32.89		176.29
	其他机械费	%	18.00	394.19		70.95
1-4	嵌套项					4065.41
	混凝土拌制	m³	103	21.79		2244.37
	混凝土运输	m³	103	17.68		1821.04
2	其他直接费	%	2.50	30350.88		758.77
3	现场经费	%	9.00	30350.88		2731.58
二	间接费	%	9.00	33841.23		3045.71
三	企业利润	%	7.00	36886.53		2582.09
四	税金	%	3.284	39469.03		1296.16
五	其他					
六	合计					40765.19

表 3-30　水利建筑工程预算单价计算表（十一）

C20 混凝土基础

					其他混凝土	

定额编号	水利部：40099		单价号	500109001002	单位：100m³	

适用范围：排架基础、一般设备基础等

编号	名称及规格	单位	数量	单价/元	合计/元
一	直接工程费				34295.86
1	直接费				30758.62
1-1	人工费				1697.31
	工长	工时	10.9	7.11	77.50
	高级工	工时	18.1	6.61	119.64
	中级工	工时	188.5	5.62	1059.37
	初级工	工时	145.0	3.04	440.80
1-2	材料费				24005.30
	混凝土 C20	m³	103	228.27	23511.81
	水	m³	120	0.19	22.80
	其他材料费	%	2.0	23534.61	470.69
1-3	机械费				990.59
	振动器 1.1kW	台时	20.00	2.27	45.40
	风水枪	台时	26.00	32.89	855.14
	其他机械费	%	10.00	900.54	90.05
1-4	嵌套项				4065.41
	混凝土拌制	m³	103	21.79	2244.37
	混凝土运输	m³	103	17.68	1821.04
2	其他直接费	%	2.50	30758.62	768.97
3	现场经费	%	9.00	30758.62	2768.28
二	间接费	%	9.00	34295.86	3086.63
三	企业利润	%	7.00	37382.48	2616.77
四	税金	%	3.284	39999.26	1313.58
五	其他				
六	合计				41312.83

表 3-31　水利建筑工程预算单价计算表（十二）

C20 钢筋混凝土进水口渐变段

			明渠		
定额编号	水利部：40062		单价号	500109001003	单位：100m³

适用范围：引水、泄水、灌溉渠道及隧洞进出口明挖段的边坡、底板，土壤基础上的槽形整体

编号	名称及规格	单位	数量	单价/元	合计/元
一	直接工程费				36243.50
1	直接费				32505.38
1-1	人工费				2786.86
	工长	工时	19.1	7.11	135.80
	高级工	工时	31.8	6.61	210.20
	中级工	工时	255.0	5.62	1433.10
	初级工	工时	331.5	3.04	1007.76
1-2	材料费				24471.84
	混凝土 C25	m³	103	234.98	24202.94
	水	m³	140	0.19	26.60
	其他材料费	%	1	24229.54	242.30
1-3	机械费				1181.04
	振动器 1.1kW	台时	44.00	2.27	99.88
	风水枪	台时	29.32	32.89	964.33
	其他机械费	%	11	1064.21	117.06
1-4	嵌套项				4065.41
	混凝土拌制	m³	103	21.79	2244.37
	混凝土运输	m³	103	17.68	1821.04
2	其他直接费	%	2.50	32505.38	812.63
3	现场经费	%	9.00	32505.38	2925.48
二	间接费	%	9.00	36243.50	3261.92
三	企业利润	%	7.00	39505.42	2765.38
四	税金	%	3.284	42270.80	1388.17
五	其他				
六、	合计				43658.97

表 3-32 水利建筑工程预算单价计算表（十三）

C20 混凝土检修闸门与工作闸门间的部分

墩

定额编号	水利部：40067	单价号	500106011004	单位：100m³	
编号	名称及规格	单位	数量	单价/元	合计/元
一	直接工程费				33841.23
1	直接费				30350.88
1-1	人工费				1824.72
	工长	工时	11.7	7.11	83.19
	高级工	工时	15.5	6.61	102.46
	中级工	工时	209.7	5.62	1178.51
	初级工	工时	151.5	3.04	460.56
1-2	材料费				23995.61
	混凝土 C20	m³	103	228.27	23511.81
	水	m³	70	0.19	13.30
	其他材料费	%	2.0	23525.11	470.50
1-3	机械费				465.14
	振动器 1.1kW	台时	20.00	2.27	45.40
	变频机组 8.5kV·A	台时	10.00	17.25	172.50
	风水枪	台时	5.36	32.89	176.29
	其他机械费	%	18.00	394.19	70.95
1-4	嵌套项				4065.41
	混凝土拌制	m³	103	21.79	2244.37
	混凝土运输	m³	103	17.68	1821.04
2	其他直接费	%	2.50	30350.88	758.77
3	现场经费	%	9.00	30350.88	2731.58
二	间接费	%	9.00	33841.23	3045.71
三	企业利润	%	7.00	36886.95	2582.09
四	税金	%	3.284	39469.03	1296.16
五	其他				
六	合计				40765.19

表 3-33　水利建筑工程预算单价计算表（十四）

C15 混凝土压重

	墩				
定额编号	水利部：40067		单价号	500106011005	单位：100m³
编号	名称及规格	单位	数量	单价/元	合计/元
一	直接工程费				32050.13
1	直接费				28744.52
1-1	人工费				1824.72
	工长	工时	11.7	7.11	83.19
	高级工	工时	15.5	6.61	102.46
	中级工	工时	209.7	5.62	1178.51
	初级工	工时	151.5	3.04	460.56
1-2	材料费				22389.24
	混凝土 C15	m³	103	212.98	21936.94
	水	m³	70	0.19	13.30
	其他材料费	%	2.0	21950.24	439.00
1-3	机械费				465.14
	振动器 1.1kW	台时	20.00	2.27	45.40
	变频机组 8.5kV·A	台时	10.00	17.25	172.50
	风水枪	台时	5.36	32.89	176.29
	其他机械费	%	18.00	394.19	70.95
1-4	嵌套项				4065.41
	混凝土拌制	m³	103	21.79	2244.37
	混凝土运输	m³	103	17.68	1821.04
2	其他直接费	%	2.50	28744.52	718.61
3	现场经费	%	9.00	28744.52	2587.01
二	间接费	%	9.00	32050.13	2884.51
三	企业利润	%	7.00	34934.65	2445.43
四	税金	%	3.284	37380.07	1227.56
五	其他				
六	合计				38607.63

表 3-34　水利建筑工程预算单价计算表（十五）

C20 混凝土吊车梁柱

					排架	

定额编号	水利部：40091		单价号	500109001006	单位：100m³	

适用范围：渡槽、变电站、桥梁

编号	名称及规格	单位	数量	单价/元	合计/元
一	直接工程费				35759.84
1	直接费				32071.61
1-1	人工费				3558.93
	工长	工时	21.5	7.11	152.87
	高级工	工时	64.7	6.61	427.67
	中级工	工时	409.5	5.62	2301.39
	初级工	工时	222.7	3.04	677.01
1-2	材料费				24248.48
	混凝土 C25	m³	103	228.27	23511.81
	水	m³	160	0.19	30.40
	其他材料费	%	3.0	23542.21	706.27
1-3	机械费				198.79
	振动器 1.1kW	台时	44.00	2.27	99.88
	风水枪	台时	2.00	32.89	65.78
	其他机械费	%	20.00	165.66	33.13
1-4	嵌套项				4065.41
	混凝土拌制	m³	103	21.79	2244.37
	混凝土运输	m³	103	17.68	1821.04
2	其他直接费	%	2.50	32071.61	801.79
3	现场经费	%	9.00	32071.61	2886.44
二	间接费	%	9.00	35759.84	3218.39
三	企业利润	%	7.00	38978.23	2728.48
四	税金	%	3.284	41706.71	1369.65
五	其他				
六	合计				43076.35

表3-35 水利建筑工程预算单价计算表（十六）

钢筋加工及安装

		钢筋制作与安装			
定额编号	水利部：40289		单价号	500111001001	单位：t

适用范围：水工建筑物各部位及预制构件

工作内容：回直、除锈、切断、弯制、焊接、绑扎及加工厂至施工场地运输

编号	名称及规格	单位	数量	单价/元	合计/元
一	直接工程费				6383.71
1	直接费				5725.30
1-1	人工费				550.43
	工长	工时	10.3	7.11	73.23
	高级工	工时	28.8	6.61	190.37
	中级工	工时	36.0	5.62	202.32
	初级工	工时	27.8	3.04	84.51
1-2	材料费				4854.36
	钢筋	t	1.02	4644.48	4737.37
	铁丝	kg	4.00	5.50	22.00
	电焊条	kg	7.22	6.50	46.93
	其他材料费	%	1.0	4806.30	48.06
1-3	机械费				320.51
	钢筋调直机 14kW	台时	0.60	18.58	11.15
	风砂枪	台时	1.50	32.89	49.34
	钢筋切断机 20kW	台时	0.40	26.10	10.44
	钢筋弯曲机 $\phi6\sim\phi40$	台时	1.05	14.98	15.73
	电焊机 25kV·A	台时	10.00	13.88	138.80
	对焊机 150 型	台时	0.40	86.90	34.76
	载重汽车 5t	台时	0.45	95.61	43.02
	塔式起重机 10t	台时	0.10	109.86	10.99
	其他机械费	%	2	314.22	6.28
2	其他直接费	%	2.50	5725.30	143.13
3	现场经费	%	9.00	5725.30	515.28
二	间接费	%	9.00	6383.71	574.53
三	企业利润	%	7.00	6958.25	487.08
四	税金	%	3.284	7445.32	244.50
五	其他				
六	合计				7689.83

表 3-36　水利安装工程预算单价计算表（十七）

工程设备安装

卷扬式启闭机

定额编号		水利部：11063	单价号	500202009001	单位：台	
编号	名称及规格	单位	数量	单价/元	合计/元	
一	直接工程费				7106.89	
1	直接费				4795.47	
1-1	人工费				2630.99	
	工长	工时	24	7.11	170.64	
	高级工	工时	121	6.61	799.81	
	中级工	工时	243	5.62	1365.66	
	初级工	工时	97	3.04	294.88	
1-2	材料费				1089.97	
	钢板	kg	21	4.60	96.60	
	型钢	kg	49	5.00	245.00	
	垫铁	kg	21	5.50	115.50	
	氧气	m³	11	4.00	44.00	
	乙炔气	m³	5	7.00	35.00	
	电焊条	kg	4	6.50	26.00	
	汽油 70#	kg	5	9.68	48.40	
	柴油 0#	kg	7	8.80	61.60	
	油漆	kg	5	10.00	50.00	
	绝缘线	m	25	6.50	162.50	
	木材	m³	0.2	0.50	0.10	
	破布	kg	1	0.80	0.80	
	棉纱头	kg	3	2.30	6.90	
	机油	kg	3	7.80	23.40	
	黄油	kg	4	8.00	32.00	
	其他材料费	%	15	947.80	142.17	
1-3	机械费				1074.51	
	汽车起重机 5t	台时	7	96.65	676.55	
	电焊机 20~30kV·A	台时	10	19.87	198.70	
	载重汽车 5t	台时	3	33.86	101.58	

编号	名称及规格	单位	数量	单价/元	合计/元
	其他机械费	%	10	976.83	97.68
2	其他直接费	%	3.20	4795.47	153.17
3	现场经费	%	45.00	4795.47	2157.96
二	间接费	%	50.00	7106.89	3553.45
三	企业利润	%	7.00	10660.34	746.22
四	税金	%	3.284	11406.56	374.59
五	其他				
六	合计				11781.15

人工费基本数据见表 3-37。

表 3-37　人工费基本数据

项目名称	单位	工长	高级工	中级工	初级工
基本工资标准	元/月	550.00	500.00	400.00	270.00
地区工资系数		1.0000	1.0000	1.0000	1.0000
地区津贴标准	元/月	0.00	0.00	0.00	0.00
夜餐津贴比例	%	30.00	30.00	30.00	30.00
施工津贴标准	元/天	5.30	5.30	5.30	2.65
养老保险费率	%	20.00	20.00	20.00	10.00
住房公积金费率	%	5.00	5.00	5.00	2.50
工时单价	元/时	7.11	6.61	5.62	3.04

材料费基本数据见表 3-38。

表 3-38　材料费基本数据

名称及规格		钢筋	水泥 32.5#	水泥 42.5#	汽油	柴油	砂（中砂）	石子（碎石）	块石
单位		t	t	t	t	t	m³	m³	m³
单位毛重/t		1	1	1	1	1	1.55	1.45	1.7
每吨每公里运费/元		0.70	0.70	0.70	0.70	0.70	0.70	0.70	0.70
价格/元（卸车费和保管费按照郑州市造价信息提供的价格计算）	原价	4500	330	360	9390	8540	110	50	50
	运距	6	6	6	6	6	6	6	6
	卸车费	5	5	5	—	—	5	5	5

续表

名称及规格		钢筋	水泥 32.5#	水泥 42.5#	汽油	柴油	砂（中砂）	石子（碎石）	块石
价格/元（卸车费和保管费按照郑州市造价信息提供的价格计算）	运杂费	9.20	9.20	9.20	4.20	4.20	14.26	13.34	15.64
	保管费	135.28	10.18	11.08	281.83	256.33	3.73	1.90	1.97
	运到工地分仓库价格/t	4509.20	339.20	369.20	9394.20	8544.20	124.26	63.34	65.64
	保险费								
	预算价/元	4644.48	349.38	380.28	9676.03	8800.53	127.99	65.24	67.61

混凝土单价计算基本数据见表 3-39。

表 3-39　混凝土单价计算基本数据表

混凝土材料单价计算表										单位：m³
单价/元	混凝土标号	水泥强度等级	级配	预算量						
				水泥/kg	掺合料黏土/kg	掺合料膨润土/kg	砂/m³	石子/m³	外加剂REA/kg	水/m³
233.28	M7.5	32.5		261			1.11			0.157
204.04	C10	32.5	1	237			0.58	0.72		0.170
228.27	C20	42.5	1	321			0.54	0.72		0.170
234.98	C25	42.5	1	353			0.50	0.73		0.170

机械台时费单价计算基本数据见表 3-40。

表 3-40　机械台时费单价计算基本数据　　　　单位：元

名称及规格	台时费	折旧费	修理费	安拆费	人工费	动力燃料费
单斗挖掘机　液压　1m³	209.58	35.63	25.46	2.18	15.18	131.13
推土机　59kW	111.73	10.80	13.02	0.49	13.50	73.92
自卸汽车　8t	133.22	22.59	13.55		7.31	89.77
拖拉机　履带式　74kW	122.19	9.65	11.38	0.54	13.50	87.13
推土机　74kW	149.45	19.00	22.81	0.86	13.50	93.29
灰浆搅拌机	16.34	0.83	2.28	0.20	7.31	5.72
振捣器　插入式　1.1kW	2.27	0.32	1.22		0.00	0.73
混凝土泵　30m³/h	90.95	30.48	20.63	2.10	13.50	24.24
风（砂）水枪　6m³/min	32.89	0.24	0.42		0.00	32.23
钢筋切断机　20kW	26.10	1.18	1.71	0.28	7.31	15.62

名称及规格	台时费	折旧费	修理费	安拆费	人工费	动力燃料费
载重汽车 5t	95.61	7.77	10.86		7.31	69.67
电焊机 交流 25kV·A	13.88	0.33	0.30	0.09	0.00	13.16
汽车起重机 5t	96.65	12.92	12.42		15.18	56.12
钢筋调直机 4～14kW	18.58	1.60	2.69	0.44	7.31	6.54
钢筋弯曲机 $\phi6$～$\phi40$	14.98	0.53	1.45	0.24	7.31	5.45
对焊机 电弧型 150kV·A	86.90	1.69	2.56	0.76	7.31	74.58
塔式起重机 10t	109.86	41.37	16.89	3.10	15.18	33.32
电焊机 20kW	19.87	0.94	0.60	0.17	0.00	18.16
自卸汽车 5t	103.50	10.73	5.37		7.31	80.08
振捣器 1.5kW	3.31	0.51	1.80		0.00	1.00
变频机组 8.5kW	17.25	3.48	7.96		0.00	5.81
载重汽车 15t	165.26	31.10	30.92		7.31	95.93
搅拌楼	214.71	93.27	25.91		41.06	54.47

3.4 计算方法与方式汇总

3.4.1 工程量的计算方法

（1）清单工程量计算

清单工程量计算见表3-41。

表 3-41 清单工程量计算

单位：m^3

项目名称	序号	细部项目名称	计算方式	工程量计算总结
土方工程	1	进水口土方开挖	按照图示所给数据采用矩形计算	进水口宽度包括基础宽度和开挖超挖宽度；土方平均厚度为0.4m，进水口长度为12m，结合图3-1、图3-2和图3-3计算
	2	进水口石方开挖	按照图示所给数据采用矩形和梯形计算	进水口宽度包括基础宽度和开挖超挖宽度；岩石平均厚度为3.1m，进水口长度为12m，结合图3-1、图3-2和图3-3计算
砌筑工程	1	进水口基础M7.5浆砌石回填	按照图示所给数据采用梯形计算	结合图3-1和图3-2计算

项目名称	序号	细部项目名称	计算方式	工程量计算总结
砌筑工程	2	进水口基础 C20 预制混凝土块砌筑	按照图示所给数据采用梯形计算	结合图 3-1 和图 3-2 计算
	3	进水口引水塔壁 C20 预制混凝土块砌筑	按照图示所给数据采用圆形计算	结合图 3-1 和图 3-2 计算
混凝土工程	1	C15 混凝土基础垫层	按照图示所给数据采用矩形计算	结合图 3-1 和图 3-2 计算
	2	C20 混凝土边坡锚喷支护	按照图示所给数据采用矩形计算	结合图 3-1 和图 3-2 计算
	3	C20 混凝土基础	按照图示所给数据采用矩形计算	结合图 3-1 和图 3-2 计算
	4	C20 钢筋混凝土进水口渐变段	按照图示所给数据采用圆形计算	结合图 3-1 计算
	5	C20 混凝土检修闸门与工作闸门间的部分	按照图示所给数据采用矩形计算	结合图 3-1 和图 3-3、图 3-4 计算
	6	C20 混凝土工作闸门后部分	按照图示所给数据采用矩形计算	结合图 3-1 和图 3-3、图 3-4 计算
	7	C15 混凝土压重	按照图示所给数据采用矩形计算	结合图 3-1 计算
	8	C20 混凝土吊车梁柱	按照图示所给数据采用矩形计算	结合图 3-1 计算
	9	钢筋加工及安装	按照清单工程量的百分数计算	结合图 3-1 和图 3-2 计算
附属结构工程	1	卷扬式启闭机 5t	按所给数据计算	结合图 3-1 计算
		检修闸门工字钢	按所给数据计算	结合图 3-1 计算

（2）定额工程量计算

定额工程量计算见表 3-42。

表 3-42 定额工程量计算

单位：100m³

分项	序号	细部工程量计算	工程量计算总结
土方工程	1	上层石方开挖	1. 同清单工程量； 2. 进水口土方开挖——1m³ 挖掘机挖装土自卸汽车运输
石方工程	1	石方工程	1. 同清单工程量； 2. 进水口石方开挖——坡面保护层石方开挖； 3. 进水口石方开挖运输——1m³ 挖掘机装石渣汽车运输
砌石工程	1	进水口基础 M7.5 浆砌石回填	按照实际工程量计算
	2	进水口基础 C20 预制混凝土块砌筑	按照实际工程量计算
	3	进水口引水塔壁 C20 预制混凝土块砌筑	按照实际工程量计算
混凝土工程	1	C15 混凝土基础垫层	1. 按照实际工程量计算； 2. 搅拌楼拌制混凝土； 3. 自卸汽车运混凝土
	2	C20 混凝土边坡锚喷支护	1. 按照实际工程量计算； 2. 搅拌楼拌制混凝土； 3. 自卸汽车运混凝土
	3	C20 混凝土基础	1. 按照实际工程量计算； 2. 搅拌楼拌制混凝土； 3. 自卸汽车运混凝土
	4	C20 钢筋混凝土进水口渐变段	1. 按照实际工程量计算； 2. 搅拌楼拌制混凝土； 3. 自卸汽车运混凝土
	5	C20 混凝土检修闸门与工作闸门间的部分	1. 按照实际工程量计算； 2. 搅拌楼拌制混凝土； 3. 自卸汽车运混凝土
	6	C20 混凝土工作闸门后部分	1. 按照实际工程量计算； 2. 搅拌楼拌制混凝土； 3. 自卸汽车运混凝土
	7	C15 混凝土压重	1. 按照实际工程量计算； 2. 搅拌楼拌制混凝土； 3. 自卸汽车运混凝土
	8	C20 混凝土吊车梁柱	1. 按照实际工程量计算； 2. 搅拌楼拌制混凝土； 3. 自卸汽车运混凝土
钢筋加工及安装工程	1	钢筋加工及安装	按照实际工程量计算
金属结构安装	2	卷扬式启闭机 5t	按照实际工程量计算

3.4.2　计算方式

各项分项工程首要就是计算工程量，对于工程量的计算，应该把握以下几种方式。

① 结合图纸的断面图和细部详图，按照梯形、三角形、矩形以及圆形的面积公式套用计算，再根据所计算部分的长度（或者深度）去计算总体积。

② 要考虑到每一部分的体积，做到不漏不缺，不增不减。

③ 要区分每部分材料的采用，根据图示数据计算其体积。

④ 计算定额工程量时注意与清单工程量的区别，同时要结合相应定额，对应定额子目进行计算。

⑤ 工程量确定后，根据各分类分项工程的要求，计算出工程量清单分析，查相应定额确定人、材、机的费用，从而用列表的方式计算出水利工程的预算报价。

第4章 某河道整治工程造价计算

4.1 工程介绍

  某城市要重新治理该市附近的一条河道，原河道的底宽为 5m，原河道的护坡是采用干砌块石衬砌的，由于多年的冲刷现在已经凌乱不堪。为了增大该河流的流量，现将该河道的底宽扩为 8m，将护坡改为浆砌石，并在底端采用挡墙来防止浆砌石的下滑，坡度由原来的 1：2.0 变为现在的 1：1.5，河道底部采用干砌块石进行衬砌，如图 4-1～图 4-3 所示，试计算治理该河道 500m 的预算价格。

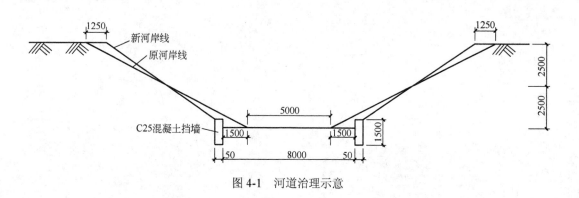

图 4-1 河道治理示意

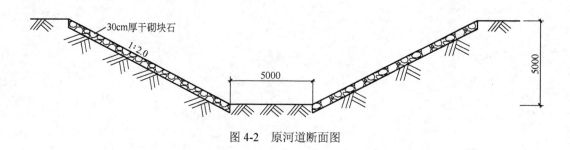

图 4-2 原河道断面图

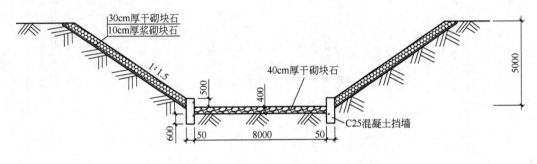

图 4-3 新河道断面图

4.2 图纸识读

4.2.1 示意图

根据图 4-1 所示河道治理示意图：河岸顶部两岸宽 1250mm，河道深 5m，底部总宽为 8m，底部两侧有高 1.5m、厚 50mm 的 C25 混凝土挡墙。结合图 4-3 确定出河底清理、土方开挖等相应的工程量。

4.2.2 断面图

根据图 4-2 原河道断面图和图 4-3 新河道断面图可知，原河道上下游坡度均为 1：2.0，且上下游护坡采用 30cm 厚的干砌石块。河道深为 5m，底部宽度为 5m。原河道上下游坡度均为 1：1.5，且上下游护坡自下而上采用 30cm 厚的干砌石块和 10cm 的浆砌石块。河道深为 5m，底部宽度为 8m，厚 400mm，铺设 40cm 的干砌石块，底部两侧设置高 1.1m、宽为 50mm 的 C25 混凝土挡墙。挡墙顶部距离底部高为 0.5m。同时对照图 4-1 可确定出土方回填、挡墙、垫层等工程量。

4.3 工程量计算

4.3.1 清单工程量

清单工程量计算规则：由于工程处于施工图设计阶段，则清单工程量为施工图纸计算所得工程量乘以系数 1.0。

清单工程量计算过程见表 4-1。

表4-1 某河道治理工程清单工程量计算过程

工程名称：某河道治理工程

序号	项目编码	项目名称	工程项目	项目特征描述	计算单位	工程量	计算过程	对应注释	备注
						土方开挖工程			
1	500101001001	河底清理	河底清理	块石 深度0.4m	m^3	1600.00	$SL=8.0×0.4×500$ $=1600.00(m^3)$	S——衬砌块石的底面积；L——衬砌块石的底宽；8.0——新河道的底宽；0.4——河道清理深度；500——治理河道段的长度	
2	500101003001	岸坡开挖	岸坡开挖		m^3	1875.00	$1/2SL=1/2×1.5×2.5×2×500$ $=1875.00(m^3)$	S——开挖三角形的面积；L——开挖三角形的长度；1.5——开挖的三角形断面的底宽；2.5——开挖的三角形断面的高度；2——岸坡两侧都要开挖；1/2——三角形面积的计算系数；500——治理河道段的长度	
3	500101004001	挡墙断面开挖	挡墙断面开挖		m^3	750.00	$SL=1.5×0.5×2×500$ $=750.00(m^3)$	S——挡墙的面积；L——挡墙的长度；1.5——挡墙断面的高度；0.5——挡墙断面的底宽；2——岸坡两侧都要开挖；500——治理河道段的长度	
						土石方填筑工程			
4	500103002001	土方回填	土方回填		m^3	1562.50	$1/2SL=1/2×1.25×2.5×2×500$ $=1562.50(m^3)$	S——回填三角形的面积；L——回填三角形的长度；1.25——上部回填的三角形断面的底宽；2.5——上部回填的三角形断面的高度；$1/2×1.25×2.5$——三角形回填的面积；2——岸坡两侧都要回填；500——治理河道段的长度	

续表

序号	项目编码	项目名称	工程项目	项目特征描述	计算单位	工程量	计算过程	对应注释	备注
						石方填筑			
5	500103007001	碎石垫层	碎石垫层		m^3	901.39	$5.0 \times \sqrt{1^2+1.5^2} \times 0.1 \times 2 \times 500 = 901.39(m^3)$	5.0——新河道的深度； 1.5——新河道岸坡的坡度； $\sqrt{1^2+1.5^2}$——新河道岸坡的长度； 0.1——碎石垫层的厚度； 2——岸坡两侧； 500——治理河道段的长度	
						砌筑工程			
6	500105001001	干砌块石	干砌块石	干砌块石厚0.4m	m^3	1600.00	$8.0 \times 0.4 \times 500 = 1600.00(m^3)$	8.0——治理后河道的底宽； 0.4——河道底部干砌块石的厚度； 500——治理河道段的长度	
7	500105003001	浆砌块石	浆砌块石	浆砌块石厚0.3m	m^3	2704.16	$5.0 \times \sqrt{1^2+1.5^2} \times 0.3 \times 2 \times 500 = 2704.16(m^3)$	5.0——新河道的深度； 1.5——新河道岸坡的坡度； $\sqrt{1^2+1.5^2}$——新河道岸坡的长度； 0.3——浆砌石的厚度； 2——岸坡两侧； 500——治理河道段的长度	
8	500105009001	干砌块石拆除	干砌块石拆除	干砌块石厚0.3m	m^3	3354.10	$5.0 \times \sqrt{1^2+2.0^2} \times 0.3 \times 2 \times 500 = 3354.10(m^3)$	S——拆除的面积； H——拆除的厚度； 5.0——原河道的深度； 2.0——原河道岸坡的坡度； $\sqrt{1^2+2.0^2}$——原河道岸坡的长度； 0.3——原河道干砌块石的厚度； 2——岸坡两侧； 500——治理河道段的长度	
						混凝土工程			
9	500109001001	混凝土挡墙	混凝土挡墙		m^3	750.00	$0.5 \times 1.5 \times 2 \times 500 = 750.00(m^3)$	0.5——混凝土挡墙的宽度； 1.5——混凝土挡墙的高度； 2——混凝土挡墙的个数； 500——治理河道段的长度	

工程量清单计算见表 4-2。

表 4-2 工程量清单计算表

工程名称：某河道治理工程　　　　　　　　　　　　　　　　　　　　　　　　　第　页 共　页

序号	项目编码	项目名称	计量单位	工程量	主要技术条款编码	备注
1		河道治理工程				
1.1		土方开挖工程				
1.1.1	500101001001	河底清理	m³	1600.00		
1.1.2	500101003001	岸坡开挖	m³	1875.00		
1.1.3	500101004001	挡墙断面开挖	m³	750.00		
1.2		土石方填筑工程				
1.2.1	500103002001	土方回填	m³	1562.50		
1.2.2	500103007001	碎石垫层	m³	901.40		
1.3		砌筑工程				
1.3.1	500105001001	干砌块石	m³	1600.00		
1.3.2	500105003001	浆砌块石	m³	2704.20		
1.3.3	500105009001	干砌块石拆除	m³	3354.10		
1.4		混凝土工程				
1.4.1	500109001001	混凝土挡墙	m³	750.00		

4.3.2 定额工程量

定额工程量计算过程见表 4-3。定额工程量套用《水利建筑工程预算定额》。

表 4-3　某河道治理工程清单工程量计算过程

工程名称：某河道治理工程

序号	项目名称	定额编号	分项工程名称	计算单位	工程量	计算过程	对应注释	备注
					河道整治工程			
1	河底清理	10269	74kW 推土机推土	100m³	16.00	8.0×0.4×500=1600(m³) =16.00(100m³)	8.0—新河道的底宽； 0.4—河道清理深度； 500—治理河道段的长度	
2		10396	1m³ 挖载机挖装土自卸汽车运输运距 2km	100m³	16.00	8.0×0.4×500=1600(m³) =16.00(100m³)		
					开挖工程			
3	岸坡开挖	10366	1m³ 挖掘机挖装土自卸汽车运输	100m³	18.75	1/2×1.5×2.5×500 =1875(m³)=18.75(100m³)	1.5—开挖的三角形断面的底宽； 2.5—开挖的三角形断面的高度； 1/2—三角形面积的计算系数； 500—治理河道段的计算长度	
4	挡墙断面开挖	10019	人工挖沟槽土方	100m³	7.50	1.5×0.5×2×500=750(m³) =7.50(100m³)	1.5—挡墙断面的高度； 0.5—挡墙断面的底宽； 2—岸坡两侧都要开挖； 500—治理河道段的长度	
5		10396	1m³ 装载机挖装土自卸汽车运输	100m³	7.50	1.5×0.5×2×500 =750(m³)=7.50(100m³)		
					土石方填筑工程			
6	土方回填	10473	拖拉机压实	100m³	15.62	1/2×1.25×2.5×2×500 =1562.5(m³)=15.62(100m³)	1.25—上部回填的三角形断面的底宽； 2.5—上部回填的三角形断面的高度； 1/2×1.25×2.5—上部回填的三角形断面的面积； 2—岸坡两侧都要回填； 500—治理河道段的长度	
7		60332	2m³ 装载机装砂石料，自卸汽车运输，自卸汽车选用 8t，运距 2km	100m³	9.01	$5.0×\sqrt{1^2+1.5^2}×0.1×2×500$ =901.39(m³)	5.0—新河道的深度； 1.5—新河道岸坡的坡度； $5.0×\sqrt{1+1.5^2}$—新河道岸坡的长度； 0.1—碎石垫层的厚度； 2—岸坡两侧； 500—治理河道段的长度	
8	碎石垫层	30001	人工辅筑砂石垫层	100m³		$5.0×\sqrt{1^2+1.5^2}×0.1×2×500$ =901.39(m³)		

续表

序号	项目名称	定额编号	分项工程名称	计算单位	工程量	计算过程	对应注释	备注
					砌筑工程			
9	干砌块石	60442	人工装车、自卸汽车运块石	100m³	16.00	8.0×0.4×500=1600.0(m³)=16.00(100m³)	8.0——治理后河道的底宽；0.4——河道底部干砌块石的厚度；500——治理河道段的长度	
10		30014	干砌块石	100m³	16.00	8.0×0.4×500=1600.0(m³)=16.00(100m³)		
11	浆砌块石	60442	人工装车、自卸汽车运块石，运距2km	100m³	27.04	$5.0×\sqrt{1^2+1.5^2}×0.3×2×500$=2704.16(m³)=27.04(100m³)	5.0——新河道的深度；1.5——新河道岸坡的坡度；$5.0×\sqrt{1^2+1.5^2}$——新河道岸坡的长度；0.3——浆砌石的厚度；2——岸坡两侧；500——治理河道段的长度	
12		30017	浆砌块石	100m³	27.04	$\sqrt{1^2+1.5^2}$ ×0.3 ×2×500=2704.16(m³)=27.04(100m³)		
13	干砌块石拆除	30054	干砌块石拆除	100m³	33.54	$5.0×\sqrt{1^2+2.0^2}$ ×0.3×2×500=3354.1(m³)=33.54(100m³)	5.0——原河道的深度；2.0——原河道岸坡的坡度；$5.0×\sqrt{1^2+2.0^2}$——原河道岸坡的长度；0.3——两岸干砌块石的长度；2——岸坡两侧；500——治理河道段的长度	
					混凝土工程			
14	C25混凝土工程	40134	0.4m³搅拌机拌制C20混凝土	100m³	7.50	0.5×1.5×2×500=750.0(m³)=7.50(100m³)	0.5——混凝土挡墙的宽度；1.5——混凝土挡墙的高度；2——混凝土挡墙的个数；500——治理河道段的长度	
15		40145	胶轮车运混凝土	100m³	7.50	0.5×1.5×2×500=750.0(m³)=7.50(100m³)		
16	混凝土浇筑	40070	混凝土浇筑	100m³	7.50	0.5×1.5×2×500=750.0(m³)=7.50(100m³)		

　　该河道治理工程分部分项工程量清单计价表见表 4-4，工程单价汇总见表 4-5，工程量清单综合单价分析见表 4-6～表 4-14。

表 4-4　分部分项工程量清单计价表

工程名称：某河道治理工程　　　　　　　　　　　　　　　　　　　第　　页　共　　页

序号	项目编码	项目名称	计量单位	工程量	单价/元	合价/元	主要技术条款编码	备注
1		河道治理工程						
1.1		土方开挖工程						
1.1.1	500101001001	河底清理	m^3	1600.00	23.20	37120.00		
1.1.2	500101003002	岸坡开挖	m^3	1875.00	16.07	30131.25		
1.1.3	500101004003	挡墙断面开挖	m^3	750.00	34.95	26212.50		
1.2		土石方填筑工程						
1.2.1	500103002001	土方回填	m^3	1562.50	6.30	9843.75		
1.2.2	500103007002	碎石垫层	m^3	901.40	127.54	114964.56		
1.3		砌筑工程						
1.3.1	500105001001	干砌块石	m^3	1600.00	172.43	275888.00		
1.3.2	500105003002	浆砌块石	m^3	2704.20	298.04	805959.77		
1.3.3	500105009003	干砌块石拆除	m^3	3354.10	10.82	36291.36		
1.4		混凝土工程						
1.4.1	500109001001	混凝土挡墙	m^3	750.00	434.43	325822.50		

表 4-5　工程单价汇总

工程名称：某河道治理工程　　　　　　　　　　　　　　　　　　　第　　页　共　　页

序号	项目编码	项目名称	计量单位	人工费/元	材料费/元	机械费/元	施工管理费和利润/元	税金/元	合计/元
1		河道治理工程							
1.1		土方开挖工程							
1.1.1	500101001001	河底清理	m^3	0.32	0.60	16.37	5.19	0.72	23.20
1.1.2	500101003002	岸坡开挖	m^3	0.20	0.46	11.31	3.60	0.50	16.07
1.1.3	500101004003	挡墙断面开挖	m^3	4.24	0.80	21.00	7.82	1.09	34.95
1.2		土石方填筑工程							
1.2.1	500103002001	土方回填	m^3	0.61	0.43	3.65	1.41	0.2	6.30
1.2.2	500103007002	碎石垫层	m^3	15.56	67.45	12.00	28.55	3.98	127.54
1.3		砌筑工程							

续表

序号	项目编码	项目名称	计量单位	人工费/元	材料费/元	机械费/元	施工管理费和利润/元	税金/元	合计/元
1.3.1	500105001001	干砌块石	m³	23.45	79.50	25.51	38.59	5.38	172.43
1.3.2	500105003002	浆砌块石	m³	39.58	156.02	26.50	66.64	9.3	298.04
1.3.3	500105009003	干砌块石拆除	m³	8.02	0.04	0	2.42	0.34	10.82
1.4		混凝土工程							
1.4.1	500109001001	混凝土挡墙	m³	38.47	248.15	27.42	106.84	13.55	434.43

表 4-6　工程量清单综合单价分析表（一）

工程名称：某河道治理工程　　　　　　　　　　　　　　　　　　　　第　页 共　页

项目编码	500101001001	项目名称	河底清理工程	计量单位	m³

清单综合单价组成明细

定额编号	定额名称	定额单位	数量	单价/元				合价/元			
				人工费	材料费	机械费	管理费和利润	人工费	材料费	机械费	管理费和利润
10269	74kW 推土机推土	100m³	16.00/1600=0.01	4.86	14.45	139.66	47.76	0.05	0.14	1.40	0.48
10396	1m³ 装载机挖装土自卸汽车运输	100m³	16.00/1600=0.01	26.75	45.73	1497.69	471.72	0.27	0.46	14.98	4.72
人工单价				小计				0.32	0.60	16.37	5.19
3.04 元/工时（初级工）				未计材料费				—			
清单项目综合单价								22.49			

材料费明细	主要材料名称、规格、型号	单位	数量	单价/元	合价/元	暂估单价/元	暂估合价/元
	其他材料费				0.60		
	材料费小计				0.60		

表 4-7　工程量清单综合单价分析表（二）

工程名称：某渠道开挖及衬砌工程　　　　　　　　　　　　　　　　　　第　页 共　页

项目编码	500101003001	项目名称	渠道岸坡开挖	计量单位	m³

清单综合单价组成明细

定额编号	定额名称	定额单位	数量	单价/元				合价/元			
				人工费	材料费	机械费	管理费和利润	人工费	材料费	机械费	管理费和利润
10366	1m³ 挖掘机挖装土自卸汽车运输	100m³	18.75/1875=0.01	20.37	46.07	1131.38	359.85	0.20	0.46	11.31	3.60

人工单价		小计		0.20	0.46	11.31	3.60
3.04 元/工时（初级工）		未计材料费		—			
清单项目综合单价				15.58			

材料费明细	主要材料名称、规格、型号	单位	数量	单价/元	合价/元	暂估单价/元	暂估合价/元
	其他材料费				0.46		
	材料费小计				0.46		

表 4-8　工程量清单综合单价分析表（三）

工程名称：某河道治理工程　　　　　　　　　　　　　　　第　页　共　页

项目编码	500101004001	项目名称	挡墙断面开挖	计量单位	m³

清单综合单价组成明细

定额编号	定额名称	定额单位	数量	单价/元				合价/元			
				人工费	材料费	机械费	管理费和利润	人工费	材料费	机械费	管理费和利润
10019	人工挖沟槽土方	100m³	7.5/750=0.01	397.47	15.90	0	124.18	3.97	0.16	0	1.24
10396	1m³装载机挖装土自卸汽车运输	100m³	7.5/750=0.01	26.75	63.80	2099.84	658.06	0.27	0.64	21.00	6.58
人工单价				小计				4.24	0.80	21.00	7.82
3.04 元/工时（初级工）				未计材料费				—			
清单项目综合单价								33.86			

材料费明细	主要材料名称、规格、型号	单位	数量	单价/元	合价/元	暂估单价/元	暂估合价/元
	其他材料费				0.8		
	材料费小计				0.8		

表 4-9　工程量清单综合单价分析表（四）

工程名称：某渠道开挖及衬砌工程　　　　　　　　　　　　第　页　共　页

项目编码	500103002001	项目名称	土方回填	计量单位	m³

清单综合单价组成明细

定额编号	定额名称	定额单位	数量	单价/元				合价/元			
				人工费	材料费	机械费	管理费和利润	人工费	材料费	机械费	管理费和利润
10473	拖拉机压实	100m³	15.62/1562.5=0.01	60.80	42.56	364.84	140.66	0.61	0.43	3.65	1.41
人工单价				小计				0.61	0.43	3.65	1.41
3.04 元/工时（初级工）				未计材料费				—			

续表

材料费明细	清单项目综合单价				6.09			
	主要材料名称、规格、型号	单位	数量	单价/元	合价/元	暂估单价/元	暂估合价/元	
	其他材料费				0.43			
	材料费小计				0.43			

表 4-10 工程量清单综合单价分析表（五）

工程名称：某河道治理工程　　　　　　　　　　　　　　　　　　第　　页 共　　页

项目编码	500103007001		项目名称		碎石垫层		计量单位		m³

清单综合单价组成明细

定额编号	定额名称	定额单位	数量	单价/元				合价/元			
				人工费	材料费	机械费	管理费和利润	人工费	材料费	机械费	管理费和利润
60332	2m³装载机装砂石料自卸汽车运输	100m³	9.01/901.4=0.01	17.63	24.36	1200.40	373.25	0.18	0.24	12.00	3.73
30001	人工铺筑砂石垫层	100m³	9.01/901.4=0.01	1538.41	6721.02	0	2481.34	15.38	67.21	0	24.81
	人工单价				小计			15.56	67.45	12.00	28.55
	3.04 元/工时（初级工）7.11 元/工时（工长）				未计材料费			—			
	清单项目综合单价							123.56			

材料费明细	主要材料名称、规格、型号	单位	数量	单价/元	合价/元	暂估单价/元	暂估合价/元
	碎石	m³	1.02	65.24	66.55		
	其他材料费				0.90		
	材料费小计				67.45		

表 4-11 工程量清单综合单价分析表（六）

工程名称：某河道治理工程　　　　　　　　　　　　　　　　　　第　　页 共　　页

项目编码	500105001001		项目名称		干砌块石		计量单位		m³

清单综合单价组成明细

定额编号	定额名称	定额单位	数量	单价/元				合价/元			
				人工费	材料费	机械费	管理费和利润	人工费	材料费	机械费	管理费和利润
60442	人工装自卸汽车运块石	100m³	16.00/1600=0.01	446.88	29.27	2480.56	888.27	4.47	0.29	24.81	8.88

续表

定额编号	定额名称	定额单位	数量	单价/元				合价/元			
				人工费	材料费	机械费	管理费和利润	人工费	材料费	机械费	管理费和利润
30014	干砌块石护底	100m³	16.00/1600=0.01	1897.96	7921.19	70.47	2971.08	18.98	79.21	0.70	29.71
人工单价				小计				23.45	79.50	25.51	38.59
3.04 元/工时（初级工） 5.62 元/工时（中级工） 7.11 元/工时（工长）				未计材料费				—			
清单项目综合单价								167.06			

材料费明细	主要材料名称、规格、型号	单位	数量	单价/元	合价/元	暂估单价/元	暂估合价/元
	块石	m³	1.16	67.61	78.43		
	其他材料费				1.07		
	材料费小计				79.50		

表 4-12　工程量清单综合单价分析表（七）

工程名称：某河道治理工程　　　　　　　　　　　　　　　　　第　　页　共　　页

项目编码	500105003001		项目名称		浆砌块石		计量单位		m³

清单综合单价组成明细

定额编号	定额名称	定额单位	数量	单价/元				合价/元			
				人工费	材料费	机械费	管理费和利润	人工费	材料费	机械费	管理费和利润
60442	人工装自卸汽车运块石	100m³	27.04/2704.16=0.01	446.88	29.27	2480.56	888.27	4.47	0.29	24.81	8.88
30017	干浆砌块石护坡	100m³	27.04/2704.16=0.01	3510.96	15572.82	169.66	5775.46	35.11	155.73	1.7	57.75
人工单价				小计				39.58	156.02	26.50	66.64
3.04 元/工时（初级工） 5.62 元/工时（中级工） 7.11 元/工时（工长）				未计材料费				—			
清单项目综合单价								288.74			

材料费明细	主要材料名称、规格、型号	单位	数量	单价/元	合价/元	暂估单价/元	暂估合价/元
	块石	m³	1.08	67.61	73.02		
	砂浆	m³	0.35	233.27	81.65		
	其他材料费				0.65		
	材料费小计				156.02		

表 4-13　工程量清单综合单价分析表（八）

工程名称：某河道治理工程　　　　　　　　　　　　　　　　　　　第　　页　共　　页

项目编码	500105009001		项目名称		干砌块石拆除		计量单位		m³

清单综合单价组成明细

定额编号	定额名称	定额单位	数量	单价/元				合价/元			
				人工费	材料费	机械费	管理费和利润	人工费	材料费	机械费	管理费和利润
30054	干砌块石拆除	100m³	22.54/2254.1=0.01	801.63	4.01	0	242.24	8.02	0.04	0	2.42
人工单价					小计			8.02	0.04	0	2.42
3.04 元/工时（初级工） 7.11 元/工时（工长）					未计材料费			—			
清单项目综合单价								10.48			

材料费明细	主要材料名称、规格、型号		单位	数量	单价/元	合价/元	暂估单价/元	暂估合价/元
	其他材料费					0.04		
	材料费小计					0.04		

表 4-14　工程量清单综合单价分析表（九）

工程名称：某河道治理工程　　　　　　　　　　　　　　　　　　　第　　页　共　　页

项目编码	500109001001		项目名称		C25 混凝土挡土墙		计量单位		m³

清单综合单价组成明细

定额编号	定额名称	定额单位	数量	单价/元				合价/元			
				人工费	材料费	机械费	管理费和利润	人工费	材料费	机械费	管理费和利润
40134	0.4m³ 搅拌机拌制 C20 混凝土	100m³	7.50/750.0=0.01	1182.15	67.50	2170.75	1027.44	11.82	0.68	21.71	10.27
40145	胶轮车运混凝土	100m³	7.50/750.0=0.01	474.24	34.80	105.75	184.69	4.74	0.35	1.06	1.85
40070	挡土墙浇筑	100m³	7.50/750.0=0.01	2190.69	24713.08	465.99	9471.44	21.91	247.13	4.66	94.71
人工单价					小计			38.47	248.15	27.42	106.84
3.04 元/工时（初级工） 5.62 元/工时（中级工） 6.61 元/工时（高级工） 7.11 元/工时（工长）					未计材料费			—			

续表

清单项目综合单价					420.89		

材料费明细	主要材料名称、规格、型号	单位	数量	单价/元	合价/元	暂估单价/元	暂估合价/元
	混凝土 C25	m³	1.03	234.97	242.02		
	水	m³	1.4	0.19	0.27		
	其他材料费				5.86		
	材料费小计				248.15		

该河道水利建筑工程预算单价计算见表 4-15～表 4-30；

表 4-15 水利建筑工程预算单价计算表（一）

河底清理工程

定额编号：10269　　　　　　单价编号：500101001001　　　　　　定额单位：100m³

施工方法：74kW 推土机推土

编号	名称及规格	单位	数量	单价/元	合计/元
一	直接工程费				177.26
1	直接费				158.98
1-1	人工费				4.86
	初级工	工时	1.6	3.04	4.86
1-2	材料费				14.45
	零星材料费	%	10	144.53	14.45
1-3	机械费				139.66
	推土机	台时	1.25	111.73	139.66
2	其他直接费	%	2.5	158.98	3.97
3	现场经费	%	9	158.98	14.31
二	间接费	%	9	177.26	15.95
三	企业利润	%	7	193.22	13.53
四	税金	%	3.22	206.74	6.66
五	其他				
六	合计				213.40

表 4-16 水利建筑工程预算单价计算表（二）

河底清理工程

定额编号：10396　　　　　　　单价编号：500101001001　　　　　　定额单位：100m³

施工方法：1m³ 装载机挖装土自卸汽车运输

工作内容：挖装、运输、卸除、空回

编号	名称及规格	单位	数量	单价/元	合计/元
一	直接工程费				1750.74
1	直接费				1570.17
1-1	人工费				26.75
	初级工	工时	8.8	3.04	26.75
1-2	材料费				45.73
	零星材料费	%	3	1524.44	45.73
1-3	机械费				1497.69
	装载机 1m³	台时	1.66	115.25	191.32
	推土机 59kW	台时	0.83	111.73	92.74
	自卸汽车 8t	台时	9.11	133.22	1213.63
2	其他直接费	%	2.5	1570.17	39.25
3	现场经费	%	9	1570.17	141.32
二	间接费	%	9	1750.74	157.57
三	企业利润	%	7	1908.31	133.58
四	税金	%	3.22	2041.89	65.75
五	其他				
六	合计				2107.64

表 4-17　水利建筑工程预算单价计算表（三）

岸坡开挖

定额编号：10366　　　　单价编号：500101003001　　　　定额单位：100m³

施工方法：1m³ 挖掘机挖装土自卸汽车运输　运距：2km

工作内容：挖装、运输、卸除、空回

编号	名称及规格	单位	数量	单价/元	合计/元
一	直接工程费				1335.56
1	直接费				1197.81
1-1	人工费				20.37
	初级工	工时	6.7	3.04	20.37
1-2	材料费				46.07
	零星材料费	%	4	1151.74	46.07
1-3	机械费				1131.38
	挖掘机　1m³	台时	1	209.58	209.58
	推土机　59kW	台时	0.5	111.73	55.87
	自卸汽车　8t	台时	6.5	133.22	865.93
2	其他直接费	%	2.5	1197.81	29.95
3	现场经费	%	9	1197.81	107.80
二	间接费	%	9	1335.56	120.20
三	企业利润	%	7	1455.76	101.90
四	税金	%	3.22	1557.67	50.16
五	其他				
六	合计				1607.82

表 4-18　水利建筑工程预算单价计算表（四）

挡墙断面开挖

定额编号：10019　　　　单价编号：500101004001　　　　定额单位：100m³

施工方法：人工挖沟槽土方

工作内容：挖土、修底、将土倒运到槽边两侧 0.5m 以外

编号	名称及规格	单位	数量	单价/元	合计/元
一	直接工程费				460.91
1	直接费				413.37

编号	名称及规格	单位	数量	单价/元	合计/元
1-1	人工费				397.47
	工长	工时	2.5	7.11	17.78
	初级工	工时	124.9	3.04	379.70
1-2	材料费				15.90
	零星材料费	%	4	397.47	15.90
1-3	机械费				0
2	其他直接费	%	2.5	413.37	10.33
3	现场经费	%	9	413.37	37.20
二	间接费	%	9	460.91	41.48
三	企业利润	%	7	502.39	35.17
四	税金	%	3.22	537.56	17.31
五	其他				
六	合计				554.87

表 4-19　水利建筑工程预算单价计算表（五）

挡墙断面开挖

定额编号：10396　　　　　单价编号：500101004001　　　　　定额单位：100m³

施工方法：1m³ 装载机挖装土，自卸汽车运输

工作内容：挖装、运输、卸除、空回

编号	名称及规格	单位	数量	单价/元	合计/元
一	直接工程费				2442.28
1	直接费				2190.39
1-1	人工费				26.75
	初级工	工时	8.8	3.04	26.75
1-2	材料费				63.80
	零星材料费	%	3	2126.57	63.80
1-3	机械费				2099.84
	装载机　1m³	台时	1.66	115.25	191.32
	推土机　59kW	台时	0.83	111.73	92.74
	自卸汽车　8t	台时	13.63	133.22	1815.79

编号	名称及规格	单位	数量	单价/元	合计/元
2	其他直接费	%	2.5	2190.39	54.76
3	现场经费	%	9	2190.39	197.14
二	间接费	%	9	2442.28	219.81
三	企业利润	%	7	2662.09	186.35
四	税金	%	3.22	2848.44	91.72
五	其他				
六	合计				2940.16

表 4-20　水利建筑工程预算单价计算表（六）

土方回填

定额编号：10473　　　　　　　单价编号：500103002001　　　　　　　定额单位：100m³

施工方法：拖拉机压实

工作内容：推平、刨毛、压实、削坡、洒水、补边夯、辅助工作

编号	名称及规格	单位	数量	单价/元	合计/元
一	直接工程费				522.05
1	直接费				468.20
1-1	人工费				60.80
	初级工	工时	20	3.04	60.80
1-2	材料费				42.56
	零星材料费	%	10	425.64	42.56
1-3	机械费				364.84
	拖拉机 74kW	台时	1.89	122.19	230.94
	推土机 74kW	台时	0.5	149.45	74.73
	蛙式打夯机 2.8kW	台时	1	14.41	14.41
	刨毛机	台时	0.5	89.53	44.77
2	其他直接费	%	2.5	468.20	11.71
3	现场经费	%	9	468.20	42.14
二	间接费	%	9	522.05	46.98
三	企业利润	%	7	569.03	39.83
四	税金	%	3.22	608.86	19.61
五	其他				
六	合计				628.47

表 4-21 水利建筑工程预算单价计算表（七）

碎石垫层

定额编号：60332　　　　　　　　单价编号：500103007001　　　　　　　　定额单位：100m³

施工方法：2m³装载机装砂石料，自卸汽车运输

工作内容：挖装、运输、卸除、空回

编号	名称及规格	单位	数量	单价/元	合计/元
一	直接工程费				1385.24
1	直接费				1242.37
1-1	人工费				17.63
	初级工	工时	5.8	3.04	17.63
1-2	材料费				24.36
	零星材料费	%	2	1218.03	24.36
1-3	机械费				1200.40
	装载机 2m³	台时	1.09	237.03	258.36
	推土机 88kW	台时	0.55	111.73	61.45
	自卸汽车 8t	台时	6.61	133.22	880.58
2	其他直接费	%	2.5	1242.39	31.06
3	现场经费	%	9	1242.39	111.82
二	间接费	%	9	1385.27	124.67
三	企业利润	%	7	1509.94	105.7
四	税金	%	3.22	1615.64	52.02
五	其他				
六	合计				1667.66

表 4-22 水利建筑工程预算单价计算表（八）

碎石垫层

定额编号：30001　　　　　　　　单价编号：500103007001　　　　　　　　定额单位：100m³

施工方法：人工铺筑砂石垫层

工作内容：选石、修石、冲洗、拌浆、砌石、勾缝

编号	名称及规格	单位	数量	单价/元	合计/元
一	直接工程费				9209.26
1	直接费				8259.43
1-1	人工费				1538.41
	工长	工时	9.9	7.11	70.39

编号	名称及规格	单位	数量	单价/元	合计/元
	初级工	工时	482.9	3.04	1468.02
1-2	材料费				6721.02
	碎石	m³	102	65.24	6654.48
	其他材料费	%	1	6654.48	66.54
1-3	机械费				
2	其他直接费	%	2.5	8259.43	206.49
3	现场经费	%	9	8259.43	743.35
二	间接费	%	9	9209.26	828.83
三	企业利润	%	7	10038.10	702.67
四	税金	%	3.22	10740.76	345.85
五	其他				
六	合计				11086.62

表 4-23　水利建筑工程预算单价计算表（九）

干砌块石

定额编号：60442　　　　　　　单价编号：500105001001　　　　　　定额单位：100m³

施工方法：人工装自卸汽车运块石，运距 2km

工作内容：装、运、卸、堆存、空回

编号	名称及规格	单位	数量	单价/元	合计/元
一	直接工程费				3296.73
1	直接费				2956.71
1-1	人工费				446.88
	初级工	工时	147	3.04	446.88
1-2	材料费				29.27
	零星材料费	%	1	2927.44	29.27
1-3	机械费				2480.56
	自卸汽车　8t	台时	18.62	133.22	2480.56
2	其他直接费	%	2.5	2956.71	73.92
3	现场经费	%	9	2956.71	266.10
二	间接费	%	9	3296.73	296.71

编号	名称及规格	单位	数量	单价/元	合计/元
三	企业利润	%	7	3593.44	251.54
四	税金	%	3.22	3844.98	123.81
五	其他				
六	合计				3968.79

表4-24 水利建筑工程预算单价计算表（十）

干砌块石

定额编号：30014　　　　　　　单价编号：500105001001　　　　　　　定额单位：100m³

施工方法：干砌块石　护底

工作内容：选石、修石、砌筑、填缝、找平

编号	名称及规格	单位	数量	单价/元	合计/元
一	直接工程费				11026.92
1	直接费				9889.61
1-1	人工费				1897.96
	工长	工时	9.9	7.11	70.39
	中级工	工时	138.3	5.62	777.25
	初级工	工时	345.5	3.04	1050.32
1-2	材料费				7921.19
	块石	m³	116	67.61	7842.76
	其他材料费	%	1	7842.76	78.43
1-3	机械费				70.47
	胶轮车	台时	78.3	0.9	70.47
2	其他直接费	%	2.5	9889.61	247.24
3	现场经费	%	9	9889.61	890.07
二	间接费	%	9	11026.92	992.42
三	企业利润	%	7	12019.34	841.35
四	税金	%	3.22	12860.69	414.11
五	其他				
六	合计				13274.81

表 4-25　水利建筑工程预算单价计算表（十一）

浆砌块石

定额编号：60442　　　　　　　　单价编号：500105003001　　　　　　　　定额单位：100m³

施工方法：人工装自卸汽车运块石，运距 2km

工作内容：装、运、卸、堆存、空回

编号	名称及规格	单位	数量	单价/元	合计/元
一	直接工程费				3296.73
1	直接费				2956.71
1-1	人工费				446.88
	初级工	工时	147	3.04	446.88
1-2	材料费				29.27
	零星材料费	%	1	2927.44	29.27
1-3	机械费				2480.56
	自卸汽车　8t	台时	18.62	133.22	2480.56
2	其他直接费	%	2.5	2956.71	73.92
3	现场经费	%	9	2956.71	266.10
二	间接费	%	9	3296.73	296.71
三	企业利润	%	7	3593.44	251.54
四	税金	%	3.22	3844.98	123.81
五	其他				
六	合计				3968.79

表 4-26　水利建筑工程预算单价计算表（十二）

浆砌块石

定额编号：30017　　　　　　　　单价编号：500105003001　　　　　　　　定额单位：100m³

施工方法：浆砌块石　护坡

工作内容：选石、修石、冲洗、拌浆、砌石、勾缝

编号	名称及规格	单位	数量	单价/元	合计/元
一	直接工程费				21435.07
1	直接费				19224.28
1-1	人工费				3510.96
	工长	工时	16.8	7.11	119.45
	中级工	工时	346.1	5.62	1945.08

编号	名称及规格	单位	数量	单价/元	合计/元
	初级工	工时	475.8	3.04	1446.43
1-2	材料费				15572.82
	块石	m³	108	67.61	7301.88
	砂浆	m³	35	233.27	8164.45
	其他材料费	%	0.5	15466.33	77.33
1-3	机械费				169.66
	砂浆搅拌机0.4m³	台时	6.35	15.62	99.19
	胶轮车	台时	78.3	0.9	70.47
2	其他直接费	%	2.5	19224.28	480.61
3	现场经费	%	9	19224.28	1730.19
二	间接费	%	9	21435.07	1929.16
三	企业利润	%	7	23364.23	1635.50
四	税金	%	3.22	24999.73	804.99
五	其他				
六	合计				25804.72

表4-27 水利建筑工程预算单价计算表（十三）

干砌块石拆除

定额编号：30054　　　　　　　　　单价编号：500101009001　　　　　　　　定额单位：100m³

施工方法：干砌块石拆除

工作内容：拆除、清理、堆放

编号	名称及规格	单位	数量	单价/元	合计/元
一	直接工程费				898.37
1	直接费				805.64
1-1	人工费				801.63
	工长	工时	5	7.11	35.55
	初级工	工时	252	3.04	766.08
1-2	材料费				4.01
	零星材料费	%	0.5	802.29	4.01
1-3	机械费				0

编号	名称及规格	单位	数量	单价/元	合计/元
2	其他直接费	%	2.5	806.3	20.16
3	现场经费	%	9	806.3	72.57
二	间接费	%	9	899.02	80.91
三	企业利润	%	7	979.94	68.60
四	税金	%	3.22	1048.53	33.76
五	其他				
六	合计				1081.64

表 4-28　水利建筑工程预算单价计算表（十四）

C25 混凝土挡墙

定额编号：40134　　　　　　单价编号：500109001001　　　　　　定额单位：100m³

施工方法：0.4m³ 搅拌机拌制混凝土

工作内容：场内配运水泥、骨料，投料、加水、加外加剂、搅拌、出料、清洗

编号	名称及规格	单位	数量	单价/元	合计/元
一	直接工程费				3813.25
1	直接费				3419.95
1-1	人工费				1182.15
	中级工	工时	122.5	5.62	688.45
	初级工	工时	162.4	3.04	493.70
1-2	材料费				67.50
	零星材料费	%	2	3352.90	67.50
1-3	机械费				2170.75
	搅拌机　0.4m³	台时	18	38.75	697.50
	风水枪	台时	83	17.75	1473.25
2	其他直接费	%	2.5	3419.95	85.50
3	现场经费	%	9	3419.95	307.80
二	间接费	%	9	3813.25	343.19
三	企业利润	%	7	4156.44	290.95
四	税金	%	3.22	4448.91	143.21
五	其他				
六	合计				4590.60

表 4-29　水利建筑工程预算单价计算表（十五）

C25 混凝土挡墙

定额编号：40145　　　　　　　　单价编号：500109001001　　　　　　　定额单位：100m³

施工方法：胶轮车运混凝土，运距 200m

工作内容：装、运、卸、清洗

编号	名称及规格	单位	数量	单价/元	合计/元
一	直接工程费				685.49
1	直接费				614.79
1-1	人工费				474.24
	初级工	工时	156	3.04	474.24
1-2	材料费				34.80
	零星材料费	%	6	579.99	34.80
1-3	机械费				105.75
	胶轮车	台时	117.5	0.9	105.75
2	其他直接费	%	2.5	614.79	15.37
3	现场经费	%	9	614.79	55.33
二	间接费	%	9	685.49	61.69
三	企业利润	%	7	747.18	52.30
四	税金	%	3.22	799.49	25.74
五	其他				
六	合计				825.23

表 4-30　水利建筑工程预算单价计算表（十六）

C25 混凝土挡墙

定额编号：40070　　　　　　　　单价编号：500109001001　　　　　　　定额单位：100m³

施工方法：混凝土挡墙浇筑　人工入仓

编号	名称及规格	单位	数量	单价/元	合计/元
一	直接工程费				35152.43
1	直接费				31526.84
1-1	人工费				2190.69
	工长	工时	10.5	7.11	74.66
	高级工	工时	24.6	6.61	162.61
	中级工	工时	197.1	5.62	1107.70

编号	名称及规格	单位	数量	单价/元	合计/元
	初级工	工时	278.2	3.04	845.73
1-2	材料费				24713.08
	混凝土　C25	m³	103	234.97	24201.91
	水	m³	140	0.19	26.60
	其他材料费	%	2	24228.51	484.57
1-3	机械费				465.99
	振动器　1.1kW	台时	40.05	2.27	90.91
	风水枪	台时	10	32.89	328.90
	其他机械费	%	11	419.81	46.18
1-4	嵌套项				4157.08
	混凝土拌制	m³	103	34.21	3523.63
	混凝土运输	m³	103	6.15	633.45
2	其他直接费	%	2.5	31526.84	788.17
3	现场经费	%	9	31526.84	2837.42
二	间接费	%	9	35152.43	3163.72
三	企业利润	%	7	38316.15	2682.13
四	税金	%	3.22	40998.28	1320.14
五	其他				
六	合计				42318.43

人工费汇总见表 4-31。

表 4-31　人工费汇总

项目名称	单位	工长	高级工	中级工	初级工
基本工资标准	元/月	550	500	400	270
地区工资系数		1	1	1	1
地区津贴标准	元/月	0	0	0	0
夜餐津贴比例	%	30	30	30	30
施工津贴标准	元/d	5.3	5.3	5.3	2.65
养老保险费率	%	20	20	20	10
住房公积金费率	%	5	5	5	2.5
工时单价	元/h	7.11	6.61	5.62	3.04

施工机械台时费汇总见表 4-32。

表 4-32　施工机械台时费汇总

单位：元

序号	名称及规格	台时费	其中：				
			折旧费	修理费	安拆费	人工费	动力燃料费
1	单斗挖掘机 液压 1m³	209.58	35.63	25.46	2.18	15.18	131.13
2	推土机 59kW	111.73	10.8	13.02	0.49	13.5	73.92
3	自卸汽车 8t	133.22	22.59	13.55		7.31	89.77
4	拖拉机 履带式 74 kW	122.19	9.65	11.38	0.54	13.5	87.13
5	刨毛机	89.53	5.07	5.62	0.22	13.5	65.12
6	灰浆搅拌机	16.34	0.83	2.28	0.2	7.31	5.72
7	胶轮车	0.9	0.26	0.64		0	0
8	振捣器 插入式 1.1 kW	2.27	0.32	1.22		0	0.73
9	混凝土泵 30m³/h	90.95	30.48	20.63	2.1	13.5	24.24
10	风（砂）水枪 6m³/min	32.89	0.24	0.42		0	32.23
11	混凝土搅拌机 0.4m³	24.82	3.29	5.34	1.07	7.31	7.81
12	推土机 88 kW	181.23	26.72	29.07	1.06	13.5	110.89

主要材料价格汇总见表 4-33。

表 4-33　主要材料价格汇总

编号	名称及规格	单位	单位毛重/t	每吨每公里运费/元	价格/元（卸车费和保管费按照郑州市造价信息提供的价格计算）							
					原价	运距	卸车费	运杂费	管费	运到工地分仓库价格/t	保险费	预算价/元
1	钢筋	t	1	0.7	4500	6	5	9.2	135.28	4509.2		4644.48
2	水泥 32.5#	t	1	0.7	330	6	5	9.2	10.18	339.2		349.38
3	水泥 42.5#	t	1	0.7	360	6	5	9.2	11.08	369.2		380.28
4	汽油	t	1	0.7	9390	6		4.2	281.83	9394.2		9676.03
5	柴油	t	1	0.7	8540	6		4.2	256.33	8544.2		8800.53
6	砂（中砂）	m³	1.55	0.7	110	6	5	14.26	3.73	124.26		127.99
7	石子（碎石）	m³	1.45	0.7	50	6	5	13.34	1.9	63.34		65.24
8	块石	m³	1.7	0.7	50	6	5	15.64	1.97	65.64		67.61

4.4　计算方法与方式汇总

4.4.1　工程量的计算方法

（1）清单工程量计算

清单工程量计算见表 4-34。

表 4-34　清单工程量计算

单位：m³

项目名称	序号	细部项目名称	计算方式	工程量计算总结
干砌块石拆除	1	干砌块石拆除	按照图示所给数据采用梯形计算	结合图 4-2 计算
土方工程	1	河底清理	按照图示所给数据采用矩形计算	结合图 4-1 和图 4-3 计算
	2	岸坡开挖	按照图示所给数据采用三角形计算	结合图 4-1 计算
	3	挡墙断面开挖	按照图示所给数据采用矩形计算	结合图 4-1 计算
土石回填	1	土方回填	按照图示所给数据采用矩形计算	结合图 4-1 计算
石方填筑	1	干砌块石	按照图示所给数据采用矩形计算	结合图 4-3 计算
	2	碎石垫层	按照图示所给数据采用矩形计算	结合图 4-3 计算
	3	浆砌石	按照图示所给数据采用矩形计算	结合图 4-3 计算
混凝土工程	1	混凝土挡墙	按照图示所给数据采用矩形计算	结合图 4-3 计算

（2）定额工程量计算

定额工程量计算见表 4-35。

表 4-35　定额工程量计算

单位：100m³

分项	序号	细部工程量计算	工程量计算总结
河底清理	1	河底清理	1. 同清单工程量； 2. 74kW 推土机推土； 3. 1m³ 装载机挖装土，自卸汽车运输（运距 2km）
开挖工程	1	岸坡开挖	1. 同清单工程量； 2. 1m³ 挖掘机挖装土，自卸汽车运输
	2	挡土墙断面开挖	1. 同清单工程量； 2. 人工挖沟槽土方； 3. 2m³ 装载机挖装土自卸汽车运输
土方回填	1	拖拉机压实	同清单工程量
	2	碎石垫层	1. 同清单工程量； 2. 2m³ 装载机装砂石料，自卸汽车运输； 3. 人工铺筑砂石垫层

分项	序号	细部工程量计算	工程量计算总结
砌筑工程	1	干砌块石	1. 同清单工程量; 2. 人工装车,自卸汽车运块石; 3. 干砌块石
	2	浆砌石	1. 同清单工程量; 2. 人工装车,自卸汽车运块石运距 2km
	3	干砌石拆除	同清单工程量
混凝土工程	1	C25 混凝土工程	1. 同清单工程量; 2. 0.4m³ 搅拌机拌制 C20 混凝土
	2	混凝土浇筑	1. 同清单工程量; 2. 胶轮车运回混凝土

4.4.2　计算方式

　　本案例计算较为简单,如图 4-1～图 4-3 所示工程比较清晰易懂,只需把每项工程的清单工程量和定额工程量确定,同时清单工程量和定额工程量是相同的,都是图中所表示的实际的工程量。基本的计算方式结合图 4-1～图 4-3。利用三角形、梯形、矩形的基本计算方法来计算每项工程的断面面积,再乘以相应的河道长度,便可确定出对应的工程量。